省部级示范性高等职业院校重点专业建设规划教材

土石坝设计与施工

主　编　张　磊　由金玉
副主编　田明武　梁　艺
主　审　刘建明

黄河水利出版社
·郑州·

内 容 提 要

本书是省部级示范性高等职业院校重点专业建设规划教材，是为适应现代高职教育培养应用型、技能型人才的需求，结合示范建设对专业改革发展的要求，按照教育部颁布的土石坝设计与施工课程标准编写完成的。本书以某一水利工程为载体，介绍了土石坝初步设计方法、设计步骤及施工程序，共分8个项目，包括相关资料收集、土石坝坝体设计、溢洪道设计、施工水流控制、土石坝施工、施工质量控制及检查、施工进度计划编制及资源使用计划、施工总体布置等。

本书为高职高专水利水电建筑工程、水利工程、水利工程监理、水利工程施工等专业的通用教材，也可作为其他专业教材或教学参考书，同时也可作为水利技术人员学习参考用书。

图书在版编目(CIP)数据

土石坝设计与施工/张磊，由金玉主编. —郑州：黄河水利出版社，2014.8

省部级示范性高等职业院校重点专业建设规划教材

ISBN 978-7-5509-0898-7

Ⅰ.①土… Ⅱ.①张…②由… Ⅲ.①土石坝-设计-高等职业教育-教材②土石坝-工程施工-高等职业教育-教材 Ⅳ.①TV641

中国版本图书馆CIP数据核字(2014)第201520号

组稿编辑：王路平　电话：0371-66022212　E-mail：hhslwlp@163.com

出 版 社：黄河水利出版社

地址：河南省郑州市顺河路黄委会综合楼14层　邮政编码：450003

发行单位：黄河水利出版社

发行部电话：0371-66026940、66020550、66028024、66022620(传真)

E-mail：hhslcbs@126.com

承印单位：河南承创印务有限公司

开本：787 mm×1 092 mm　1/16

印张：10.75

字数：250千字　印数：1—2 000

版次：2014年8月第1版　印次：2014年8月第1次印刷

定价：24.00元

前 言

本书是根据国家“十二五”教育发展规划纲要及《中共中央 国务院关于加快水利改革发展的决定》(2011 年中央 1 号文件)、《国家中长期教育改革和发展规划纲要》(2010 ~ 2020 年)、《教育部关于全面提高高等职业教育教学质量的若干意见》(教高〔2006〕16 号)、《教育部关于推进高等职业教育改革创新引领职业教育科学发展的若干意见》(教职成〔2011〕12 号)等文件精神,按照现代水利职业教育要求,在总结水利类高等职业教育多年教学改革经验的基础上,在全国水利水电高职教研会指导下,结合示范建设对专业改革发展的要求编写的教材。

本套教材以学生能力培养为主线,融“教、学、练、做”为一体,“项目导向、任务驱动”,适合开展项目化教学,体现实用性、实践性和创新性的特色,是一套紧密联系生产实际的高职高专教育精品规划教材。

本书整合了水工建筑物和水利水电工程施工等课程的相关教学内容,以职业能力培养为主进行教材建设。通过分析土石坝设计与施工的工作过程,以任务为核心,围绕任务展开介绍了土石坝设计和施工组织的设计内容、方法、步骤,使学生边做边学,达到做中学、学中做的目的。

本书由四川水利职业技术学院、中国大唐集团四川分公司联合编写,编写人员及编写分工如下:张磊编写项目 1、项目 3,由金玉编写项目 2、项目 8,梁艺编写项目 4,张仲驰编写项目 5、项目 6,田明武编写项目 7。中国大唐集团四川分公司廖福兵对本书编写进行了指导。本书由张磊、由金玉担任主编,张磊负责全书统稿;由田明武、梁艺担任副主编;由刘建明担任主审。

本书在编写过程中,学习和借鉴了很多参考书,四川水利职业技术学院领导刘建明、于建华给本书的编写提出了很好的意见和建议,同时得到了相关兄弟院校的大力支持,恕未在书中一一注明。在此,对相关作者表示衷心的感谢!

由于编写时间紧迫,书中错误和遗漏在所难免,恳请读者批评指正并提出宝贵意见。

编 者

2014 年 5 月

目 录

项目 1　相关资料收集

项目任务书

<table>
<tr><td colspan="2">项目名称</td><td>相关资料收集</td><td>参考课时</td><td>3</td></tr>
<tr><td colspan="2" rowspan="2">学习型工作任务</td><td colspan="2">任务 1　项目基本资料</td><td>2</td></tr>
<tr><td colspan="2">任务 2　项目基本任务</td><td>1</td></tr>
<tr><td colspan="2">项目任务</td><td colspan="3">熟悉基本资料,掌握土石坝设计基本任务</td></tr>
<tr><td colspan="2">教学内容</td><td colspan="3">(1)土石坝设计基本资料;(2)土石坝设计基本任务</td></tr>
<tr><td rowspan="3">教学目标</td><td>知识</td><td colspan="3">(1)基本资料;(2)基本任务</td></tr>
<tr><td>技能</td><td colspan="3">(1)基本资料分析;(2)设计任务划分</td></tr>
<tr><td>态度</td><td colspan="3">(1)具有刻苦学习精神;(2)具有吃苦耐劳精神;(3)具有敬业精神;(4)具有团队协作精神;(5)诚实守信</td></tr>
<tr><td colspan="2">教学实施</td><td colspan="3">对基本资料进行研究分析,明确设计任务与思路</td></tr>
<tr><td colspan="2">项目成果</td><td colspan="3">设计说明书编书提纲</td></tr>
<tr><td colspan="2">技术规范</td><td colspan="3">《碾压式土石坝设计规范》(SL 274—2001)</td></tr>
</table>

任务 1　项目基本资料

1　概况

Z 水库位于 QH 河干流上,水库控制流域面积 4 990 km^2,库容 5.05 亿 m^3。水库以灌溉发电为主,结合防洪,可引水灌溉农田 71.2 万亩,远期可发展到 104 万亩。灌区由一条引水流量为 45 m^3/s 的总干渠和四条分干渠组成,在总干渠渠首及下游 24 km 处分别修建枢纽电站和 HZ 电站,总装机容量 31.45 MW,年发电量 1.129 亿 kWh。水库防洪设计标准为百年一遇,校核标准为万年一遇。枢纽工程由挡水坝、溢洪道、导流泄洪洞、灌溉发电洞及枢纽电站组成。

2　气象、水文分析和水利计算

2.1　气象

流域年平均降水量 686.1 mm,70% 集中在 6 ~ 9 月,多年年平均气温 8 ~ 9 ℃,多年平

注:1 公顷 = 15 亩,全书同。

均最高气温 29.1 ℃(6 月),多年平均最低气温 -14.3 ℃(1 月),多年平均最大风速 9 m/s,水位 768.1 m 时水库吹程 5.5 km。

2.2 水文分析

2.2.1 洪水

洪水由暴雨形成,据统计 7~8 月发生最大洪峰流量的机会占 88%,而且年际变化很大,实测最大洪峰流量 2 200 m^3/s(1954 年),最小洪峰流量 184 m^3/s(1965 年),相差 12 倍;流域洪水的特点是峰高、历时短、陡涨陡落。一次洪水持续时间一般 3~5 d。

2.2.2 年来水量

水量的年内分配,汛期 7~10 月约占全年水量的 62%。水量年际变化很大,实测最大年来水量 1 968 亿 m^3(1963 年 7 月至 1964 年 6 月),最小年来水量 3.34 亿 m^3(1965 年 7 月至 1966 年 6 月),相差 5.9 倍。从历年来水量过程来看,约 7 年一个周期,其中连续枯水段为 4 年。

2.2.3 年输沙量

汛期 7~10 月的来沙量约占全年输沙量的 94%,其中 7 月、8 月占 83%。输沙量的年际变化很大,实测最大年输沙量 1 240 万 t(1969 年 7 月至 1970 年 6 月),最小年输沙量 173 万 t,相差 7 倍。

2.2.4 水文分析成果

QH 河水文分析成果见表 1-1。

表 1-1 QH 河水文分析成果

序号	名称	单位	数量	说明
1	利用水文系列年限	年	22	
2	代表性流量			
	多年平均流量	m^3/s	21.9	
	调查历史最大流量	m^3/s	3 980	
	设计洪水洪峰流量($P=1\%$)	m^3/s	4 000	
	校核洪水洪峰流量($P=0.1\%$)	m^3/s	6 550	
	保坝洪水洪峰流量($P=0.01\%$)	m^3/s	9 100	
3	洪量			
	设计洪水洪量($P=1\%$)	亿 m^3	5.00	5 d
	校核洪水洪量($P=0.1\%$)	亿 m^3	7.95	5 d
4	多年平均径流量	亿 m^3	6.94	
5	多年平均输沙量	万 t	431.00	

2.3 水利计算

2.3.1 死水位选择

为尽可能增加自流灌溉面积,使电站水头适当增加,力求达到电源自给以及为今后水库淤积留有余地,按20年淤积高程考虑,并根据以后使用情况加以计算调整。

2.3.2 调节性能的选定

灌溉保证率选取 $P=75\%$,水库上游来水,首先满足灌区工农业用水,电站则利用余水发电。按上述原则,并按近期灌溉面积71.2万亩进行水库调节计算。年调节和多年调节两个方案的水量利用系数与坝高都相差不大,但是多年调节性能的水库能提供的电量和装机利用小时数都较年调节性能水库提高20%,故确定本水库为多年调节性能水库。利用1949年7月至1971年6月共22年插补水文系列,采用"时历法"进行多年调节计算。

2.3.3 兴利水位的确定原则和指标

根据QH河洪水特性,汛期限制水位在7月、8月定为760.7 m。7月、8月以后可重复利用一部分防洪库容蓄水兴利,以防洪兼顾兴利为原则,确定9月、10月限制水位为766.1 m,汛末可以多蓄水。但蓄水位按不超过百年设计洪水位考虑,确定汛末兴利水位为767.2 m。

电站的主要任务是满足本灌区提灌用电的要求,因此在保证灌区工农业用水的基础上,确定电站的运用原则:灌溉季节多引水发电,非灌溉季节少引水发电,遇丰水年则充分利用弃水多发电,提高年水量的利用系数。

2.3.4 防洪运用原则及设计洪水的确定

本水库属二级工程。水库建筑物按百年一遇洪水设计,千年一遇洪水校核。由于采用的洪水计算数值中未考虑历史特大洪水的影响,故以万年一遇洪水作为非常保坝标准对水工建筑物进行复核。

工程泄洪建筑物有溢洪道和导流泄洪洞。溢洪道净宽60 m,分设5孔闸门,每孔闸门净宽12 m,堰顶高程757 m。通过施工导流、拦洪、泄洪度汛、非常时期放空水库以在可能情况下有利于排沙等方面的综合分析和比较,泄洪洞洞径确定为8 m,进口底高程703.35 m。

调洪运用原则:当入库洪水为二十年一遇时,为满足下游河道保滩淤地的要求,水库控制下泄流量为600 m^3/s;当入库洪水为百年一遇时,为提高下游河道的电站、桥梁等建筑物的防洪标准,水库控制下泄流量为2 000 m^3/s;当入库洪水为千年一遇时,溢洪道单宽流量以70 $m^3/(s \cdot m)$控制泄流;当入库洪水为万年一遇时,按下述原则操作:库水位接近校核水位时,若水库水位仍持续上涨,为确保大坝安全,溢洪道敞开泄洪,允许溢洪道局部破坏。

2.3.5 水库排沙和淤沙计算

Z水库回水长25 km,河道弯曲,河床宽300 m左右,河床比降为2.2%,是个典型的河道型水库。QH河泥沙年内的83%集中在7月、8月,平均含沙量13.8 kg/m^3,泥沙多年平均 D_{50} 粒径为0.015 5 mm,颗粒较细。虽然本水库有可能利用异重流排沙,但由于流域的水文特性和下游工农业对水源的要求,决定了本水库只能高水头蓄水运用。在蓄水过程中，只能用灌溉和发电的剩余水进行排沙。经计算，多年平均排沙量只占5.2%，其余大部分的泥沙都淤积在水库中，从而减少了兴利库容。

3　地形、地质

3.1　地形和地质图

Z水库坝址区地形图见附图1，建议坝轴线中的坝线工程地质剖面图见附图2。

3.2　库区工程地质条件

库区两岸分水岭高程均在820 m以上，基岩出露高程，大部分在800 m左右，主要为紫红色砂岩，间夹砾岩、粉砂岩和砂质页岩。新鲜基岩透水性不大。未发现大的构造断裂，水库蓄水条件良好。

QH河为山区性河流，两岸居民及耕地分散，除库水位以下有一定淹没外，浸没问题不大，库区也未发现重要矿产。

3.3　坝址区工程地质条件

QH河在Z水库坝址区呈一弯度很大的“S”形。坝段位于“S”形的中上部。坝段右岸为侵蚀型河岸，岸坡较陡，基岩出露。上下坝线有300多m长的低平山梁（单薄分水岭），左岸为侵蚀堆积岸，岸坡较缓，有大片土层覆盖。右岸单薄分水岭是QH河环绕坝段左岸山体相对侧向侵蚀的结果。

坝址区基岩以紫红色、紫灰色细砂岩为主，间夹砾岩、粉砂岩和少数砂质页岩；地层岩相变化剧烈，第四系除厚度不大的砂层、卵石层外，主要是黄土类土，在大地构造上处于相对稳定区，未发现有大的断裂构造迹象。

坝址区左岸有一大塌滑体，体积约45万m^3，对工程布置有一定影响。

本区地震基本烈度为6度，建筑物按7度设防。

3.3.1　上坝址

上坝址位于坝区中部背斜的西北，岩层倾向QH河上游。河床宽约300 m，砂卵石覆盖层平均厚度5 m，渗透系数1×10^{-2}cm/s。一级阶地（Q_4）表层具中偏强湿陷性。左岸730 m高程以上为三级阶地（Q_2），具中偏弱湿陷性。

岩基未发现大范围的夹层，基岩的透水性不大。河床中段及近右岸地段，沿113—111—115—104—114各钻孔连线方向，在岩面下21～47 m深度范围内，有一强透水带，$\omega=5.46\sim30$ L/(s·m·m)，下限最深至基岩下约80 m。基岩透水性从上游向下游有逐渐增大的趋势，左岸台地黄土与基岩交界处的砾岩（最大厚度6 m）透水性强，渗透系数$K=10$ m/d。左岸单薄分水岭岩层仍属于中强透水性，平均$\omega=0.48$ L/(s·m·m)，应考虑排水，增加岩体稳定。

3.3.2　下坝址

下坝址位于上坝址同一背斜的东南翼，岩层倾向QH河下游；河床宽约120 m，左岸为二、三级阶地，右岸731 m高程以下为基岩，以上为三级阶地。土层的物理力学性质见“工程地质剖面图”。

左岸基岩有一条宽200～250 m呈北东方向的强透水带，右岸单薄分水岭的透水性亦很大，左右岸岩石中等透水带下限均可达岩面下80 m左右。河床地段基岩透水性与中等透水带厚度具有从上游向下游逐渐变小的趋势。下游发现承压水,二、三级阶地砾石层透水性与上坝线相同,左岸坝脚靠近塌滑体。

3.4 坝址区其他建筑物地段的工程地质条件

坝址区其他建筑物包括导流泄洪洞、灌溉发电洞及枢纽电站。按上坝线方案,导流泄洪洞、溢洪道均布置在左岸单薄分水岭,灌溉发电洞则布置在左岸东凹沟附近三级阶地上。下坝线方案溢洪道可布置在右岸,灌溉发电洞移至上坝线溢洪道轴线西侧40 m左右,导流泄洪洞位置与上坝线位置相同。

3.4.1 导流泄洪洞

沿洞线周围岩石厚度大于3倍开挖洞径,出口段已避开塌滑体的东边界,沿线岩层、岩性主要为粉砂岩、细砂岩及砾岩,岩石较为坚硬,坚固系数 $F_k = 4$,单位弹性抗力系数 $K_0 = 20$ MPa/cm,弹性模量 $E = 0.4 \times 10^4$ MPa,透水性较大。岩层倾向下游,出口段节理发育,应采取有效措施予以处理。为进一步保证出口段岩体稳定,免除由内水压力引起的不良后果,建议该段修建无压洞。

3.4.2 溢洪道

上坝线方案溢洪道堰顶高程757 m,沿建筑物轴线岩层倾向下替。岩性主要为坚硬的细砂岩,其中软弱层多为透镜体,溢洪道各部分的抗滑稳定条件是好的。下坝线溢洪道堰项高程750 m。基础以下10 m左右为砂质页岩及夹泥层,且单薄分水岭岩层风化严重,透水性大,对建筑物安全不利。

3.4.3 灌溉发电洞及枢纽电站

上坝线方案沿线基岩以厚层粉砂岩为主,岩石完整,透水性不大,洞顶以上岩层厚度较小。在建筑物的基岩岩面上有0~5 m厚的砾岩及厚度不等的亚黏土层,电站厂房处岩石风化层厚度5~6 m,对其产生的渗漏及土体坍塌应采取必要的工程措施。下坝线方案沿线全为基岩,工程安全比较可靠。

4 建筑材料及筑坝材料技术指标

库区及坝址下游土石料丰富,有利于修建当地材料坝。

4.1 土料

坝址上、下游均有土料场,储量丰富,平均运距小于1.5 km。根据155组试验成果统计,土料平均黏粒含量为26.4%,粉粒55.9%,粉砂17.6%,其中25%属粉质黏土,60.7%属重粉质壤土,14.3%属中粉质壤土。平均塑性指数11.1,比重27.5。最大干重度16.7 kN/m^3,最优含水率20.5%,渗透系数 0.44×10^{-5} m/s。具有中等压缩性,强度特性见表1-2。

4.2 砂砾料

砂砾料主要分布在河滩上,储量为205万m^3,扣除漂石及围堰淹没部分,可利用的砂砾料为100万~151万m^3。其颗粒级配不连续,缺少中间粒径,根据野外29组自然坡度角试验和34组室内试验分析,统计成果如下:天然重度18.7 kN/m^3,软弱颗粒含量2.64%。颗粒组成见表1-3。

表 1-2 土料的强度特性

试验方法	统计方法		抗剪强度指标	
			φ(℃)	C(kN/cm^2)
饱和固结快剪(25 组)	算术平均		23.27	2.80
	最小值		20.96	1.93
快剪(82 组)	算术平均		21.54	2.93
	最小值		21.30	2.93
快剪(18 组)	分组 1	算术平均	21.30	2.93
		最小值	21.00	1.94
	分组 2	算术平均	22.68	5.83
		最小值	20.03	3.56
	分组 3	算术平均	22.50	5.83
		最小值	23.80	3.56
快剪(8 组)	分组 1	算术平均	28.80	4.51
		最小值	25.75	2.93
	分组 2	算术平均	29.00	4.51
		最小值	28.70	2.93
三轴不排水剪(10 组)	算术平均		20.00	2.88
	最小值		25.20	1.30
三轴不排水剪(6 组)	算术平均		13.30	2.80
	最小值		25.20	0.80
三轴饱和固结不排水剪(6 组)	算术平均		18.20	4.20
	最小值		22.30	3.50
野外自然坡度角(29 组)	算术平均		35.70	
	最小值		31.20	
室内剪切试验	分组 1	算术平均	31.10	
		最小值	29.10	
	分组 2	算术平均	31.00	
		最小值	29.00	

表 1-3 筑坝材料技术指标

粒径(mm)	<200	<80	<40	<20	<5	<2	<1	<0.5	<0.25	<0.05
含量(%)	83.7	74.2	57.7	46.2	38.6	34.6	32.8	29.7	24.7	4.9

砂的储量很少，且石英颗粒少，细度模数很低，不宜作混凝土骨料，砂($D<2$ mm)的相对紧密度为0.895。

4.3 石料

坝址区石料较多，运距均在1 km以内，为厚层砂岩，储量可满足需要。溢洪道、导流洞出渣也可利用。

4.4 筑坝材料技术指标的选定

经过试验，并参考有关文献资料及其他工程的经验，最后选定其筑坝材料的各项技术指标，见表1-4。

表1-4 筑坝材料技术指标

<table>
<tr><th colspan="3" rowspan="2">技术指标</th><th colspan="3">坝体材料</th><th colspan="2">坝基材料</th></tr>
<tr><th>土料</th><th>砂砾料</th><th>堆石</th><th>砂砾料</th><th>黄土</th></tr>
<tr><td colspan="3">比重</td><td>27.5</td><td></td><td>27.0</td><td></td><td></td></tr>
<tr><td rowspan="3">重度(kN/m^3)</td><td colspan="2">湿重度</td><td>16.5</td><td>18.0</td><td>18.0</td><td>18.0</td><td>16.0</td></tr>
<tr><td colspan="2">饱和重度</td><td>19.8</td><td></td><td></td><td></td><td>19.1</td></tr>
<tr><td colspan="2">干重度</td><td>10.4</td><td>11.0</td><td>10.5</td><td></td><td>10.2</td></tr>
<tr><td colspan="3">孔隙率 n</td><td></td><td></td><td>0.33</td><td></td><td></td></tr>
<tr><td rowspan="4">内摩擦角(°)</td><td rowspan="2">施工期</td><td>总应力</td><td>10</td><td rowspan="4">31</td><td rowspan="4">40</td><td rowspan="4">31</td><td rowspan="4">20</td></tr>
<tr><td>有效应力</td><td>22</td></tr>
<tr><td>稳定渗流期</td><td>有效应力</td><td>23</td></tr>
<tr><td>水位降落</td><td>有效应力</td><td>23</td></tr>
<tr><td colspan="3">黏聚力 C(kN/cm^2)</td><td>2.0</td><td></td><td></td><td></td><td></td></tr>
<tr><td colspan="3">渗透系数 K(cm/s)</td><td>1×10^{-6}</td><td>1×10^{-2}</td><td></td><td>1×10^{-2}</td><td>1×10^{-5}</td></tr>
<tr><td colspan="3">初始孔隙水压力系数</td><td>0.3</td><td></td><td></td><td></td><td></td></tr>
</table>

5 工程效益及淹没损失

本水库建成后具有灌溉、发电、防洪、解决工业用水和人畜吃水等多方面的效益，是一座综合利用的水库。

水库近期可灌溉农田71.2万亩，远期发展到104万亩。枢纽电站和HZ电站总装机容量为31.45 MW，年发电量1.129亿kWh，除满足农业提水浇灌用电外，还剩余50%的电力供工农业用电。防洪方面，本水库控制流域面积4 990 km^2，占全流域面积的39 %，对下游河道防洪、削减洪峰、减轻防汛负担也有一定的作用，可将下游100年一遇的洪水流量由6 010 m^3/s削减到3 360 m^3/s，相当于17年一遇；可将50年一遇洪水由6 000 m^3/s削减到2 890 m^3/s，相当于12年一遇。另外，每年还可供给城市及工业用水0.63亿m^3。

由于库区沿岸山峰重叠，村庄零散，耕地不多，淹没损失较小。按库区移民高程770 m统计，共需迁移人口3 115人，淹没耕地12 157亩，房屋1 223间，窑洞1 470孔。

6 施工条件

6.1 施工区地质地形条件

Z 水库的右岸坡较陡，坡度为 30°左右，大部分基岩出露高程在 770～810 m。主河槽在右岸，河宽 100 m 左右；左岸力堆积岸，台地宽 200 m 左右，山岭高程在 775 m 左右，岸坡较平缓，大都为土层覆盖。水库枢纽处施工场地狭窄，枢纽建筑物全部布置在左岸，施工布置较为困难。

坝区为上二叠系石千峰组的紫红色、紫灰色细砂岩，间夹同色砾岩及砂质页岩等岩层。右岸全部为基岩，河床砂卵石层总厚度约 50 m，覆盖层厚度约 5 m。高漫滩表层亚砂土厚 5～15 m，左岸 728 m 高程以下为基岩。基岩面向下游逐渐降低，土层增厚。砂卵石层透水性不会很强，施工开挖排水作业估计不会很困难。

6.2 施工区气象与水文条件

Z 水库坝址处没有建立水文气象站，根据附近气象站 1958～1963 年和 1970～1972 年共 9 年资料统计分析，最高气温 29.1 ℃(6 月)，最低气温 -14.3 ℃(1 月)，多年平均日气温 4～24 ℃。历年各月气温特征值见表 1-5。

表 1-5 各月气温特征值 (单位:℃)

月份	1 月	2 月	3 月	4 月	5 月	6 月	7 月	8 月	9 月	10 月	11 月	12 月
多年平均气温	4.5	1.1	4.6	11.3	18.1	21.7	23.6	21.7	16.4	10.3	18.9	2.1
多年最高气温	4.6	7.2	17.0	22.2	25.0	29.1	23.0	26.5	30.1	22.4	18.9	8.1
多年最低气温	-4.3	0	5.8	1.0	3.1	10.5	18.9	14.4	1.9	1.9	0.7	0

根据坝址附近一气象站 1958～1963 年和 1970～1972 年共 9 年资料统计分析，得出多年各月平均日降雨天数，见表 1-6。

表 1-6 多年各月平均日降雨天数 (单位:天)

月份	平均日降雨 5～10 mm 的天数	平均日降雨 10～20 mm 的天数	平均日降雨 20～30 mm 的天数	平均日降雨 >30 mm 的天数
1 月	0.62			
2 月	0.37	0.13		
3 月	1.00	0.08	0.25	
4 月	1.00	0.63	0.50	0.13
5 月	2.00	1.12	0.25	0.25
6 月	1.37	1.00	0.63	1.00
7 月	2.75	1.88	1.00	1.38
8 月	1.37	2.27	0.25	2.6
9 月	1.45	0.88	0.13	0.75
10 月	0.87	0.88	0.38	0.13
11 月	0.73	0.88		
12 月		0.13		

各种频率的设计洪水过程线见表1-7。

表1-7 各种频率的设计洪水过程线

时间(h)	流量(m^3/s)			时间(h)	流量(m^3/s)		
	$P=1\%$	$P=5\%$	$P=5\%$(10月)		$P=1\%$	$P=5\%$	$P=5\%$(10月)
1	222	133	39	45	1 670	1 002	
3	302	181	42	47	1 520	912	
5	340	204	51	49	1 500	900	
7	500	300	55	51	1 400	830	
9	700	420	66	53	1 280	768	
11	847	503	81	55	1 220		
13	950	550	105	57	1 160		
15	975	650	105	59	1 080	648	
17	1 350	810	174	61	1 020		
19	1 760	1 060	220	63	980		
21	2 270	1 362	202	65	920		
23	2 900	1 740	178	67	900	540	
25	4 000	2 360	160	69	875		
27	3 350	2 010	148	71	849		
29	2 960	1 770	138	73	800	480	
31	2 670	1 602	130	75	780		
33	2 470	1 380	101	77	760		
35	2 300	1 380	101	79	720		
37	2 160	1 290	98	81	700	420	
39	2 020	1 210	81	83	676		
41	1 930	1 150	76	85			
43	1 820	1 090					

6.3　当地建筑材料

6.3.1　土料

根据当地建筑材料调查报告，土料场有 5 个。根据试井和钻孔情况，从 1∶2 000 地形图初步计算 4 个土料场的总储量为 2 248.6 万 m^3，为需要量的 4 倍多。各土料场的储量见表 1-8。

表 1-8　各土料场的储量

土料场	南坪沟	川坡	上山	大河滩	合计
高程（m）	746 ~ 805	720 ~ 760	710 ~ 749	722 ~ 778	
储量（万 m^3）	913.6	855.7	119.9	359.4	2 248.6

6.3.2　砂砾料

根据调查，坝址附近的三个砂砾场，开采总量 100 万 ~ 151 万 m^3（水上部分），不够使用。

6.3.3　石料

未进行石场储量的调查试验工作。在坝址右岸有两个石料场。石场空间不够开阔，运输困难。

6.3.4　骨料

沿河调查，本地砂只能用于浆砌石和混凝土，其他用砂需外运。

6.4　施工地区对外交通、供电、通信及房屋情况

水库地处山区，对外交通条件较差，主要靠公路运输。

水库附近没有较大的电源。最近的电源设备容量不大，只能供应水库 1 000 kW，电量不足。水库开工后，应要求有关部门予以解决。

水库开工后要求架设专用通信线路。住房问题也必须因地制宜地解决。

6.5　施工要求

QH 河灌区工程规模大，全部工程分为水库枢纽、HZ 电站、渠道三部分。水库枢纽包括土石混合坝、导流泄洪洞、溢洪道、灌溉发电洞及枢纽电站 5 项；渠道工程包括总干渠、一干渠、二干渠、三干渠、四干渠，扬水站 6 项；另有 HZ 电站工程。三部分共计 12 项工程，其中 HZ 电站、扬水站、枢纽电站厂房、机组安装由专业施工队伍施工。

要求工程尽快受益，以改变 QH 河灌区农业生产基本条件。工程预期 8 年基本建成受益，要求第五年汛前枢纽电站发电，总干渠受益。

7　水库工程特征值

水库工程特征值见表 1-9。

表 1-9 Z 水库工程特征值

序号	名称	单位	数量	说明
1	设计洪水时最大泄流量	m^3/s	2 000.00	其中溢洪道 815
	相应下游水位	m	700.55	
2	校核洪水时最大泄流量	m^3/s	6 830.00	其中溢洪道 5 600
	相应下游水位	m	705.60	
3	水库水位			
	校核洪水位($P=0.01\%$)	m	770.40	
	设计洪水位($P=1\%$)	m	768.10	
	兴利水位	m	767.20	
	汛限水位	m	760.70	
	死水位	m	737.00	
4	水库库容			
	总库容	亿 m^3	5.05	校核洪水位
	设计洪水位库容	亿 m^3	4.63	
	防洪库容	亿 m^3	1.36	
	兴利库容	亿 m^3	3.51	
	其中共用库容	亿 m^3	1.10	
	死库容	亿 m^3	1.05	
5	库容系数	%	50.50	
6	调节特性		多年	
7	导流泄洪洞			
	型式		明流隧洞	工作闸门前为有压
	隧洞直径	m	8×10(宽×高)	城门洞型压力隧洞 8 m
	消能方式		挑流	
	最大泄量($P=0.01\%$)	m^3/s	1 230.00	
	最大流速	m/s	23.10	
	闸门尺寸	m	7×6.5(孔口,宽×高)	弧形门
	启闭机	t	300.00	油压启闭机
	检修门	m	8×9(宽×高)	斜拉门
	进口底部高程	m	703.35	

续表 1-9

序号	名称	单位	数量	说明
8	灌溉发电隧洞			
	型式		压力钢管	
	内径	m	5.40	
	灌溉支洞直径	m	3.00	
	最大流量	m^3/s	45.00	
	进口底部高程	m	731.64	
9	枢纽电站			
	型式		引水式	
	厂房面积(长×宽)	m×m	39×16.20	
	装机容量	kW	5×1 250	
	每台机组过水能力	m^3/s	8.05	

任务2　项目基本任务

1　了解任务书并分析原始资料

设计任务书及原始资料是工作的依据,因此首先要全面了解设计的任务,熟悉该河流的一般自然地理条件,坝址附近的水文和气象特性,枢纽及水库的地形、地质条件,当地材料、对外交通及有关规划设计的基本数据。只有在熟悉基本资料的基础上才能正确地选择建筑物的类型,进行枢纽布置、建筑物设计及施工组织设计。因此,应把必要的资料整理到说明书中。通过对资料的了解和分析,初步掌握原始资料中对设计和施工有较大影响的主要因素与关键性问题,为以后从事设计工作打下良好的基础。

2　坝轴线选择

根据坝址的地质、地形、枢纽布置、施工条件等,通过技术经济比较分析确定坝轴线位置。按照给定资料,主要考虑上坝线和下坝线两个方案。

需考虑的地形方面的因素有:①河床的宽度是否便于布置建筑物和施工,两种方案的工程量大小;②下坝线下游45万 m^3 的塌滑体对工程施工不利,左岸山体较大的冲沟对坝体安全不利;③淹没面积及移民的数量。

需考虑的地质方面的因素有:①坝基内是否存在较大范围的夹层和强透水带,地基处理的工程量和难度。②黄土处理问题。当黄土的重度大于14.5 kN/m^3 时,黄土的湿陷性较小,可不进行处理。但如果黄土的重度小于14.5 kN/m^3,黄土的湿陷性和压缩较大,需要清除。③上下两条坝线左岸均有单薄分水岭,分水岭的透水性较强,需要进行灌浆处理。④塌滑体对大坝的影响。

对选择坝轴线时的影响因素进行对比说明,见表1-10。

表1-10 坝轴线影响因素比较表

因素	上坝线	下坝线
地形条件		
地质条件		
筑坝材料		
施工条件		
枢纽布置		
比较结果		

3 坝型选择

根据所给出的基本资料,大坝坝型宜选用土石坝。根据防渗结构的类型,常见土石坝型式有:心墙土石坝、斜墙土石坝、面板堆石坝、均质坝等。建议选取2~3种坝型(土质防渗心墙方案、土质防渗斜墙方案、均质坝等)。根据地形、地质、建筑材料、施工情况、工程量、投资等方面,综合比较选定坝型。建议按表1-11进行对比说明。

表1-11 坝型影响因素比较表

因素	土质防渗心墙	土质防渗斜墙	均质坝
地形条件			
地质条件			
工程量			
建筑材料			
施工条件			

4 枢纽布置

根据选定的坝轴线从地形、地质、施工、运用等方面大致确定建筑物(包括大坝、导流泄洪洞、溢洪道、灌溉发电洞等)的相对位置和建筑物型式,并定性分析和论述,确定枢纽工程的等级及建筑物等级。

导流泄洪洞:其布置主要考虑地质情况,避开可能的塌滑体,并保证出口和进口的稳定以及洞身围岩的稳定。此外,还应考虑岩体破碎程度及其对岩体渗漏的影响。

溢洪道:其布置主要考虑地质情况和水流情况,不仅要保证建筑物的安全,还应尽量减小开挖工程量。

灌溉发电隧洞:其布置原则与导流泄洪洞基本相同。

5　建筑物设计

5.1　坝工设计

坝工设计主要包括以下内容。

5.1.1　确定断面尺寸及平面布置

根据规范要求，参照已建工程并考虑本工程的具体情况，确定坝坡、坝顶高程、坝顶宽度、防渗体和排水体尺寸，确定岸坡坝段的坝型及断面尺寸。绘出坝的剖面及平面布置图（考虑河岸坝段与岸坡坝段的连接）。

确定坝顶高程时，应考虑正常蓄水情况、校核洪水情况和地震情况，分别计算出所要求的坝顶高程，取其最高值作为坝顶高程。

坝顶宽度应满足运行、施工、构造、交通等方面的要求，一般高坝的最小宽度为 10 ~ 15 m，中低坝为 5 ~ 10 m。另外，坝顶宽度必须考虑心墙或斜墙顶部及反滤层布置的要求。

坝坡的选择是一个非常重要的问题，因为坝坡的取值不仅关系到工程量，还关系到坝体的稳定。选择坝坡时应考虑下面的因素：上游坝坡长期处于水下，呈饱和状态，且水库水位有可能骤降，另外，当采用斜墙防渗方案时，上游坝坡的稳定受斜墙土料特性的控制，因此上游边坡较缓；坝坡可以分段设置，每段 10 ~ 30 m，从上而下逐段放缓，相邻坡率差值取 0.25 或 0.50；土质防渗体的心墙坝，当下游坝壳采用堆石时，常用坡度为 1∶1.5 ~ 1∶2.5，采用土料时，常用坡度为 1∶2.0 ~ 1∶3.0；上游坝壳采用堆石时，常用坡度为 1∶1.7 ~ 1∶2.7，采用土料时，常用坡度为 1∶2.5 ~ 1∶3.5 斜墙坝的坝坡可参照上述数值选取，上游坝坡取值宜偏缓，下游坝坡取值宜偏陡。

碾压式土坝的下游边坡常沿高程每隔 10 ~ 15 m 设置一条宽 1.5 ~ 2.0 m 的马道，以拦截坝坡雨水，防止冲刷坝面，同时兼作交通、检修、观测之用。马道常设在坝坡变化处。碾压式土坝的上游边坡一般有较好的护坡，最多设置 1 ~ 2 条马道。

确定防渗体尺寸时应考虑的因素包括：①防渗墙土料的数量和施工难易程度；②防渗土料的质量，如允许渗透比降、软性指数、抗裂性能等；③坝址处的地震烈度；④防渗体的性质及处理方法；⑤防渗土料的单价。土质防渗体断面一般上薄下厚，但考虑到机械化施工的需要，最小厚度不应低于 3 m。防渗体底部厚度取决于土料的允许坡降，一般可按表 1-12取值。

表 1-12　防渗体底部厚度

型式	黏土	中壤土
斜墙	$H/8$	$H/5$
心墙	$H/6$	$H/4$

注：H 为作用水头。

如果采用斜心墙，斜心墙的上游坡度一般为 1∶0.5 ~ 1∶0.6。

防渗墙的顶部高程应高于设计洪水位 0.3 ~ 0.6 m，且不低于校核洪水位。但心墙与防浪墙连接时不受限制。心墙顶部应有无黏性土料的保护层，以防心墙冻裂或干缩。保护层的厚度应根据当地冰冻厚度或干缩深度而定，但不得小于1.0 m。

排水设施应具有充分的排水能力，以保证自由地向下游排出全部渗水；同时能有效地控制渗流，避免坝体和坝基发生渗流破坏。此外，还要便于观测和检修。常用的坝体排水型式有：

(1)棱体排水。是一种可靠的、应用广泛的排水型式，可以降低浸润线，保护下游坡角，增加坝体稳定性，但石料用量大、费用高，对坝体施工有干扰。

(2)贴坡排水。构造简单，用料省，施工方便，易于检修，但不能降低浸润线，且易因冰冻失效。

(3)坝内排水。可有效降低浸润线，但对地基不均匀沉陷适应性差。

设计中应根据当地气候、土料、心墙型式等选择排水型式，也可以将几种不同的排水型式组合在一起，形成综合式排水。

5.1.2 渗流计算

用水力学法，计算正常高水位时最大断面及各控制断面的浸润线及单宽渗流量、总渗流量。渗流计算应考虑水库运行中出现的不利条件，计算下列水位组合情况：

(1)上游采用正常高水位与下游相应的最低水位；

(2)上游设计洪水位与下游相应的最高水位；

(3)上游校核洪水位与下游相应的最高水位；

(4)库水位骤降时对上游坝坡稳定最不利的情况。

5.1.3 坝坡稳定计算

土石坝的坝坡稳定计算需考虑以下几种有代表性的工况：

(1)施工期(包括竣工时)。该阶段黏性土体内的孔隙水压力尚未消散，故需考虑孔隙承压力对坝坡稳定的影响。在强地震区，这种作用还要与地震作用的1/2相结合。

(2)稳定渗流期。上游为正常蓄水位或设计洪水位，下游为相应水位时下游坝坡的稳定。此时，地震作用只与正常水位工况相结合。

(3)水库水位降落期。可考虑水库水位自正常蓄水位快速降落到死水位的情况，主要考察不稳定渗流对大坝上游坝坡稳定的影响。

设计中用圆弧滑动有效应力法校核最大坝高断面的上、下游坝坡的稳定，计算采用列表方法。按照土石坝设计的相关规范，坝坡抗滑稳定的最小安全系数规定见表1-13。

表1-13 坝坡抗滑稳定的最小安全系数

坝的级别	Ⅰ	Ⅱ	Ⅲ	Ⅳ、Ⅴ
正常运用条件	1.30	1.25	1.20	1.15
非常运用条件Ⅰ	1.20	1.15	1.10	1.05
非常运用条件Ⅱ	1.10	1.05	1.05	1.00

注：1.正常运用条件指：①水库水位处于正常高水位(或设计洪水位)与死水位之间的各种水位下的稳定渗流期；②水库水位在上述范围内的经常性的正常降落；③抽水蓄能电站水位的经常性变化和降落。

2.非常运用条件Ⅰ指：①施工期；②校核洪水位下有可能形成的稳定渗流期；③水位非常降落；④正常运用条件与地震组合。

3.非常运用条件Ⅱ指非常运用条件Ⅰ的①～③加地震。

表中的安全系数适用于瑞典圆弧法。对于Ⅰ、Ⅱ级坝和高坝以及一些比较复杂的情况，可采用简化毕肖普方法进行稳定验算，但其计算出的安全系数应比表中的规定值提高5%～10%。

5.1.4　细部构造设计

细部构造设计包括坝顶构造、护坡、反滤、坝面排水。

(1)坝顶构造。坝顶上游侧一般需设置防浪墙，防浪墙可用浆砌石或钢筋混凝土筑成，墙底应和坝体中的防渗体紧密连接。防浪墙高度一般按高出坝顶面1.2 m设计，防浪墙宽度可取为0.6 m。为了排除雨水，坝顶面应向两侧或一侧倾斜，倾斜坡度为2%～3%。

(2)护坡。土石坝的上下游坡面一般均需设置护坡。上游护坡的常用型式为砌石或堆石，护坡下面应按反滤原则设置碎石或砾石垫层。上游护坡石块的大小、级配和厚度应根据浪压力的大小及波浪要素进行计算确定，建议的计算公式为

$$D = 0.85D_{50} = \frac{1.018K\gamma_w}{\gamma_k - \gamma_w}\frac{\sqrt{1+m^2}}{m(m+2)}h \tag{1-1}$$

式中　D_{50}——石块平均粒径，m；

γ_k——石块重度，t/m^3；

γ_w——水重度，t/m^3；

m——坡率；

h——设计波浪高度，m，设计波浪取累积概率 $P=5\%$ 的波高，对重要工程可适当提高；

K——与坡率有关的系数，按表1-14取值。

表1-14　与坡率 m 有关的系数 K 的取值

坡率 m	2.0	2.5	3.0	3.5	5.0
系数 K	1.2	1.3	1.4	1.4	1.2

砌石护坡的厚度可按式(1-2)计算：

$$t = 1.67D/K \tag{1-2}$$

式中　t——护坡的厚度，m。

其余符号意义同前。

以上砌石护坡的计算厚度，均是最大局部波浪压力下的最大厚度，实际上最大局部波浪压力只作用在一点上，因此坝坡上采用等厚护坡是不经济的，一般可在波浪冲击部位适当厚一些，在其他部位可薄一些。

下游坝面除排水棱体外，需全部护坡，通常采用干砌石、碎石或砾石护坡，厚约0.3 m，对气候适宜的黏性土均质坝也可采用草皮护坡，草皮厚0.05～0.10 m。

(3)反滤。反滤层一般由1～3层级配均匀，耐风化的砂、砾、卵石或碎石构成，每层粒径随渗流方向而增大。水平反滤层的最小厚度为0.3 m，铅直或倾斜反滤层的最小厚度为0.5 m。采用推土机平料时，最小水平宽度为3.0 m。反滤层的级配、厚度和层数应

通过分析比较,选择合理的方案。根据规范规定,对于与被保护土相邻的第一层反滤料,建议按下述准则选用:

$$D_{15}/d_{85} \geqslant 4 \sim 5$$
$$D_{15}/d_{15} \leqslant 5 \tag{1-3}$$

式中 D_{15}——反滤料的特征粒径;

d_{85},d_{15}——被保护土的控制粒径和特征粒径。

选择第二层反滤料时,采用与以上相同的准则,只是应将第一层反滤料作为被保护土,其余类推。反滤层一般只设一层,有时设两层,较少用三层。

(4)坝面排水。坝面排水的范围包括坝顶、坝坡、坝端及坝下游等部位的集水、截水和排冰措施。

5.2 泄水建筑物设计

溢洪道或导流泄洪洞可选一项进行设计。

5.2.1 溢洪道设计

溢洪道设计包括水力计算和结构计算。其中,水力计算包括计算千年洪水时泄流能力、水面线和下游消能,校核边墙高度,验算冲坑是否危及大坝安全。

5.2.2 导流泄洪洞设计

导流泄洪洞设计主要包括计算千年洪水时泄流能力、水面线推求和出口消能设计,校核无压洞的净空及出口建筑物的安全。

导流泄洪洞的工作闸门前为有压隧洞,故其泄流能力主要由有压段控制,其泄流量采用孔口出流公式计算,即

$$Q = \mu\omega\sqrt{2gH} \tag{1-4}$$

式中 Q——泄流量,m^3/s;

ω——洞身面积,m^2;

H——上下游水位差,m;

μ——流量系数。

无压隧洞段的水面线采用水力学的逐段试算法推求。出口建筑物的安全校核主要是对挑流消能的挑距、冲坑深度进行计算,校核其是否满足要求。

5.3 地基处理

常见的砂砾石坝基,其地基承载力一般可以满足要求,而且压缩性不大。如坝基土层中夹有松散砂层、淤泥层、软黏土层,可采取挖除、排水预压、振冲加固等措施。在砂砾石地基上建坝的主要问题是进行渗流控制,解决方法是做好防渗和排水,如:①垂直防渗设施,包括黏性土截水槽、混凝土防渗墙、灌浆帷幕等;②上游水平防渗铺盖;③下游排水设施,包括水平排水层、排水沟、减压井、透水盖重等。这些措施可以单独使用,也可以综合使用。

各种垂直防渗设施能比较可靠而有效地截断坝基渗透水流,解决坝基渗流控制问题。在技术条件可行而又经济合理时,应优先采用。垂直防渗设施的型式可以参照以下原则选用:①砾石层深度在10~15 m以内,或不超过20 m时,宜明挖截水槽回填黏土,对临时性工程,则可采用泥浆槽防渗墙;②砂砾石层深度为60~70 m的,可采用混凝土防渗墙;

③砂砾石层更深，上述措施难以选用时，可采用灌浆帷幕，或在深层采用灌浆帷幕，上层采用明挖、回填黏土截水槽或混凝土防渗墙。不论采取何种型式，均宜将全部透水层截断。悬挂式的竖直防渗设施，防渗效果较差。

黏性土截水槽是最为常用而又稳妥可靠的防渗设施。一般布置在大坝防渗体的底部(均质坝则多设在靠上游1/3～1/2坝底宽处)，横贯整个河床并延伸到两岸。槽身开挖断面呈梯形，切断砂砾石层直达基岩，岩面经处理后回填黏性土料，槽下游侧按级配要求铺设反滤料，槽底宽应根据回填土料的容许渗流坡降、与基岩接触面抗渗流冲刷的容许坡降以及施工条件确定。截水槽上部与坝的防渗体连成整体，下部与基岩紧密结合，形成一个完整的防渗体系。

深厚砂砾石地基采用混凝土防渗墙是比较有效和经济的防渗设施。墙顶插入防渗体内的深度应大于1/10坝高，并不得小于2 m。墙厚按施工条件可选用0.6～1.3 m，一般选0.8 m左右。

项目2 土石坝坝体设计

项目任务书

<table>
<tr><td colspan="2">项目名称</td><td>土石坝坝体设计</td><td>参考课时</td><td>18</td></tr>
<tr><td colspan="2" rowspan="7">学习型工作任务</td><td colspan="2">任务1　工程等别与建筑物级别</td><td>2</td></tr>
<tr><td colspan="2">任务2　坝型、坝址选择及枢纽布置</td><td>3</td></tr>
<tr><td colspan="2">任务3　剖面设计</td><td>2</td></tr>
<tr><td colspan="2">任务4　细部构造设计</td><td>2</td></tr>
<tr><td colspan="2">任务5　渗流分析</td><td>4</td></tr>
<tr><td colspan="2">任务6　稳定分析</td><td>4</td></tr>
<tr><td colspan="2">任务7　地基处理</td><td>1</td></tr>
<tr><td colspan="2">项目任务</td><td colspan="3">学会工程等别、建筑物级别划分，合理选择坝型、坝址，进行土石坝设计，绘制设计图</td></tr>
<tr><td colspan="2">教学内容</td><td colspan="3">(1)熟悉资料分析方法；(2)掌握工程分等、建筑物分级方法；(3)掌握坝型选择的思路；(4)剖面设计；(5)渗流分析；(6)稳定分析；(7)地基处理</td></tr>
<tr><td rowspan="3">教学目标</td><td>知识</td><td colspan="3">(1)熟悉资料分析方法；(2)掌握工程分等、建筑物分级方法；(3)掌握坝型选择的思路；(4)掌握剖面设计的方法；(5)掌握渗流分析的方法；(6)掌握稳定分析的方法；(7)掌握地基处理的方法</td></tr>
<tr><td>技能</td><td colspan="3">(1)会设计土石坝；(2)会绘制土石坝设计图纸</td></tr>
<tr><td>态度</td><td colspan="3">(1)具有刻苦学习精神；(2)具有吃苦耐劳精神；(3)具有敬业精神；(4)具有团队协作精神；(5)诚实守信</td></tr>
<tr><td colspan="2">教学实施</td><td colspan="3">对某土石坝水利工程实地考察参观，然后进行土石坝设计</td></tr>
<tr><td colspan="2">项目成果</td><td colspan="3">(1)土石坝设计计算书；(2)土石坝设计说明书；(3)土石坝设计图</td></tr>
<tr><td colspan="2">技术规范</td><td colspan="3">《碾压式土石坝设计规范》(SL 274—2001)</td></tr>
</table>

任务1 工程等别及建筑物级别

目标：(1)掌握工程分等的目的、依据；

(2)根据某水库的基本资料，运用所学知识对工程分等、建筑物分级。

执行过程：工程分等依据→工程分等→建筑物分级→建筑物洪水标准→工程等别划分实训。

要点:(1)分析工程资料并分等、分级;

(2)选用适当的洪水资料。

提交成果:设计报告1份。

1 工程等别及建筑物级别

为了科学合理地确定水利水电工程建设的标准,应根据水利水电工程的类型、规模、重要性、效益和国民经济发展水平等因素,制定水利工程枢纽和建筑物的建设标准。水利水电工程建设标准包括水利水电工程的等级、水工建筑物的级别和其他技术指标的分级。

根据《水利水电工程等级划分及洪水标准》(SL 252—2000)、《水电枢纽工程等级划分及设计安全标准》(DLT 5180—2003),水利水电工程等别的划分见表2-1。工程等别按工程规模、水库总库容、保护城市的重要性三个方面来确定。

表2-1 水利水电枢纽工程等别

工程等别	工程规模	水库总库容(亿 m^3)	防洪		治涝	灌溉	供水	发电
			保护城镇及工矿企业的重要性	保护农田(万亩)	治涝面积(万亩)	灌溉面积(万亩)	供水对象重要性	装机容量(万 kW)
Ⅰ	大(Ⅰ)型	≥10	特别重要	≥500	≥200	≥150	特别重要	≥120
Ⅱ	大(Ⅱ)型	10~1.0	重要	500~100	200~60	150~50	重要	120~30
Ⅲ	中型	1.0~0.10	中等	100~30	60~15	50~5	中等	30~5
Ⅳ	小(Ⅰ)型	0.10~0.01	一般	30~5	15~3	5~0.5	一般	5~1
Ⅴ	小(Ⅱ)型	0.01~0.001		<5	<3	<0.5		<1

注:总库容是指水库最高水位以下的静库容,治涝面积和灌溉面积均指设计面积。

水工建筑物的级别,要根据其所在工程的等别及其重要性来确定,见表2-2。

表2-2 水利水电工程永久性建筑物级别

工程等别	主要建筑物	次要建筑物	工程等别	主要建筑物	次要建筑物
Ⅰ	1	3	Ⅳ	4	5
Ⅱ	2	3	Ⅴ	5	5
Ⅲ	3	4			

失事后损失巨大或影响十分严重的水利水电枢纽工程,经论证并报主管部门批准,其2~4级主要建筑物可提高一级设计,并可按提高后的级别确定洪水标准;失事后造成损失不大的水利水电枢纽工程,经论证并报主管部门批准,其1~4级主要水工建物可降低一级设计,并按降低后的级别确定洪水标准。水利水电枢纽工程挡水建筑物高度超过表2-3数值者,2、3级建筑物可提高一级设计,但洪水标准不予提高。

表2-3 水利水电枢纽工程挡水建筑物提级指标

坝型	坝的原级别	
	2	3
	坝高(m)	
土石坝	90	70
混凝土坝、浆砌石坝	130	100

当水工建筑物基础的工程地质条件复杂或为实践经验较少的新型结构时，2 ~5 级建筑物可提高一级设计，但洪水标准不予提高。

2　水利水电工程永久性水工建筑物洪水标准

永久性水工建筑物所采用的洪水标准分为正常运用（设计情况）和非常运用（校核情况）洪水标准。洪水标准是根据建筑物类型、级别来选定的，具体见表 2-4 和表 2-5。

表 2-4　山区、丘陵区水利水电枢纽工程水工建筑物洪水标准

			水工建筑物级别				
			1	2	3	4	5
洪水重现期（年）	设计情况		1 000 ~500	500 ~100	100 ~50	50 ~30	30 ~20
	校核情况	土石坝	可能最大洪水（PME）或 1 000 ~5 000	5 000 ~2 000	2 000 ~1 000	1 000 ~300	300 ~100
		混凝土坝、浆砌石坝	5 000 ~2 000	2 000 ~1 000	1 000 ~500	500 ~200	200 ~100

表 2-5　平原地区水利水电工程永久性建筑物洪水标准

项目		永久性水工建筑物级别				
		1	2	3	4	5
		洪水重现期（年）				
设计情况	水库工程	300 ~100	100 ~50	50 ~20	20 ~10	10
	拦河工程	100 ~50	50 ~30	30 ~20	20 ~10	10
校核情况	水库工程	2 000 ~1 000	1 000 ~300	300 ~100	100 ~50	50 ~20
	拦河工程	300 ~200	200 ~100	100 ~50	50 ~20	20

在山区、丘陵区，土石坝失事将会造成特别重大灾害时，1 级建筑物的校核洪水标准应取可能最大的洪水或万年一遇洪水。2 ~4 级建筑物可提高一级设计。

对于混凝土坝和浆砌石坝，对洪水漫顶时将造成严重损失的 1 级建筑物，校核洪水标准需经过专门论证并报主管部门批准，取可能最大的洪水或万年一遇洪水。

任务 2　坝型、坝址选择及枢纽布置

目标：（1）了解大坝选址、选型的依据；

（2）合理选择坝型、坝址；

（3）合理布置枢纽中的引水、泄水建筑物。

执行过程：坝型选择→大坝坝址选择→引水、泄水建筑物布置→土石坝枢纽布置→枢纽布置实训。

要点：（1）坝型、坝址选择；

(2)枢纽布置。

提交成果：(1)设计报告1份；

(2)设计图1张。

1　坝型、坝址的选择

坝址、坝型的选择及水利枢纽布置是水利枢纽设计的重要内容，二者相互联系。不同的坝址可选用不同的坝型和枢纽布置。例如，当河谷狭窄，地形条件良好时，适宜修建拱坝；河谷宽阔，地质条件较好时，可选用重力坝；河谷宽阔，河床覆盖层深厚，地质条件较差又有适宜的土石料时，可以选用土石坝。

在选择坝址、坝型及枢纽布置时，不仅要研究枢纽附近的自然条件，还需考虑枢纽的施工条件、运行条件、综合效益、投资指标以及远景规划等。

在选择坝址、坝型及枢纽布置时，应选择2～3个不同条件的坝址，不同的坝址选择不同的建筑物形式以及相应的枢纽布置方案，进行方案比较，最终确定一个合理的坝址方案。

1.1　坝型选择

对于同一个坝址，应分别考虑土石坝、重力坝、拱坝等几种不同的枢纽布置方案进行比较。

【实例2-1】　某水利枢纽坝型选择时，考虑以下几个方面：

(1)拱坝方案。修建拱坝理想的地形条件是左右岸对称，岸坡平顺无突变，在平面上向下游收缩的峡谷段，若坝址处无雄厚的山脊作为坝肩，峡谷不对称，且下游河床开阔，就无建拱坝的可能。

(2)重力坝方案。从坝轴线地质图上看，坝址岩层虽为石英砂岩，砂页岩互层，但有第四纪黏土覆盖8～12 m，砂卵石层35～45 m，若建重力坝清基开挖量大，且不能利用当地材料筑坝，故建重力坝方案不经济。

(3)土石坝方案。土石坝对地形、地质条件要求低，几乎在所有条件下都可以修建且施工技术简单，可实行机械化施工，也能充分利用当地建筑材料，覆盖层也不必挖去，造价相对较低，所以采用土石坝方案较经济。

1.2　坝址选择

坝址选择应从以下几个方面考虑：

(1)地质条件。地质条件是坝址、坝型选择的重要条件。拱坝和重力坝(低的溢流重力坝除外)，需要建在岩基上；土石坝对地质条件要求较低，岩基、土基均可；而水闸多是建在土基上。但天然地基总是存在这样或那样的缺陷，如断层破碎带、软弱夹层、淤泥、细砂层等。在工程设计中应通过勘测研究，了解地质情况，采取不同的地基处理方法，使其满足筑坝的要求。

(2)地形条件。不同的坝型对地形的要求不一样。在高山峡谷地区布置水利枢纽，应尽量减少高边坡开挖。坝址选在峡谷地段，坝轴线短，坝体工程量小，但布置泄水、发电等建筑物以及施工导流均有困难。选用土石坝坝型时，应注意库区内有无天然的垭口或天然冲沟可布置岸边溢洪道，上下游是否便于布置施工场地。因此，经济与否由枢纽的总造价、总工期来衡量。对于多泥沙及有漂木要求的河道，还应注意河流的流态，在坝址选择时，要注意坝址的位置是否对取水防沙及漂木有利。对于有通航要求的枢纽，还应注意上下游河道与船闸、筏道等过坝建筑物的连接。此外，还希望坝轴线上游山谷开阔，在淹没损失尽可能小的情况下，能获得较大的库容。

（3）建筑材料。坝址附近应有足够数量符合要求的建筑材料。采用混凝土坝时，要求有可作骨料用的砂卵石或碎石料场。采用土石坝时，应在距坝址不远处有足够数量的土石料场。对于料场分布、储量、埋深、开采运输及施工期淹没等问题，均应认真考虑。

（4）施工条件。要便于施工导流，坝址附近应有开阔地形，便于布置施工场地；距交通干线较近，便于交通运输。在同一坝区范围内，施工条件往往是决定坝址的重要因素，但施工的困难是暂时的，工程运行管理方便则是长久的。应从长远利益出发，正确对待施工条件的问题。

（5）综合效益。对不同的坝址要综合考虑防洪、灌溉、发电、航运、旅游等各部门的经济效益对环境的影响等。

以上几个条件很难同时满足，应抓住主要矛盾，权衡轻重，做好调查研究，进行方案比较，最后选出合适的坝轴线。

2　枢纽的组成及布置

2.1　土石坝枢纽的组成

枢纽建筑物以土石坝（见图2-1）为主体，包括泄洪建筑物、灌溉引水建筑物、发电引水建筑物、水电厂房、开关站、排沙建筑物、工业用水引水建筑物、放空水库的泄水建筑物、施工导流建筑物、过船建筑物、过木建筑物、鱼道等。这些建筑物有的可以结合使用，如发电引水和灌溉引水建筑物可合并或部分合并，排沙和放空水库泄水建筑物可以结合；有的则可以分开，如泄洪建筑物可分开成溢洪道和泄洪洞。这些都要按具体情况加以研究。

图2-1　土石坝

通常土石坝蓄水枢纽“三大件”，即土石坝、溢洪道和水工隧洞。土石坝用以拦蓄洪水，形成水库；溢洪道则用以宣泄洪水，确保大坝安全；水工隧洞则用以灌溉、发电、导流、泄洪、排沙等。

2.2　土石坝枢纽布置的一般原则

枢纽布置就是合理安排枢纽中各建筑物的相互位置。在布置时应从设计、施工、运用管理、技术经济等方面进行综合比较，选定最优方案。

枢纽布置应服从以下原则：

(1)枢纽布置应保证各建筑物在任何条件下都能正常工作。

(2)在满足建筑物的强度和稳定的条件下，使枢纽总造价和年运行费较低。尽量采用当地材料，节约钢材、木材、水泥等基建用料，采用新技术、新设备等是降低工程造价的主要措施。

(3)枢纽布置应考虑施工导流、施工方法和施工进度等，应使施工方便、工期短、造价低。

(4)枢纽中各建筑物布置紧凑，尽量将同一工种的建筑物布置在一起；尽量使一个建筑物发挥多种用途，充分发挥枢纽的综合效益。

(5)尽可能使枢纽中的部分建筑物早日投产，提前受益(如提前蓄水、早发电或灌溉)。

(6)考虑枢纽的远景规划，应对远期扩大装机容量、大坝加高、扩建等留有余地。

(7)枢纽的外观与周围环境要协调，在可能的条件下尽量注意美观。

2.3　土石坝枢纽布置的方案

在遵循枢纽布置一般原则的前提条件下，从若干具有代表性的枢纽布置方案中选择一个技术上可行、经济上合理、运用安全、施工期短、管理维修方便的最优方案，是一个反复优化的过程。需要对各个方案进行具体分析、全面论证、综合比较而定。

进行方案选择时，通常对以下项目进行比较：

(1)主要工程量。如钢筋混凝土和混凝土、土石方、金属结构、机电安装、帷幕灌浆、砌石等各项工程量。

(2)主要建筑材料用量。如钢筋、钢材、水泥、木材、砂石、沥青、炸药等材料的用量。

(3)施工条件。主要包括施工期、发电日期、机械化程度、劳动力状况、物资供应、料场位置、交通运输等条件。

(4)运用管理条件。主要包括发电、通航、泄洪、灌溉等是否相互干扰，建筑物和设备的检查、维修和操作运用、对外交通是否方便，人防条件是否具备等。

(5)建筑物位置与自然界的适应情况。如地基是否可靠，河床抗冲能力与下游的消能方式是否适应，地形是否便于泄水建筑物的进、出口的布置和取水建筑物进口的布置等。

(6)经济指标。主要比较分析总投资、总造价、年运行费、淹没损失、电站单位千瓦投资、电能成本、灌溉单位面积投资以及航运能力等综合利用效益。

(7)其他。根据枢纽特定条件有待专门进行比较的项目。

上述比较的项目中，有些项目是可以定量计算的，但有不少项目是难以定量计算的，这样就增加了方案选择的复杂性。因此，应充分掌握资料、实事求是地进行方案选择。

2.4　泄水和引水建筑物

枢纽中的泄水建筑物是枢纽的重要组成部分，其造价常占工程总造价的很大一部分，所以合理选择其布置、型式,确定其尺寸十分重要。泄水建筑物布置和型式,应根据地形、地质条件和泄水规模、水头大小及防沙要求等综合比较以后选定,可采用开敞式溢洪道和隧洞。

在地形有利的坝址,宜布置开敞溢洪道。溢洪道布置还应从地质、枢纽布置、施工条件等方面综合考虑。从开挖量大小考虑,当坝址附近有高度接近正常蓄水位的马鞍形山口或岸坡平缓,又能很快使下泄洪水回归原河道时,应采用正槽溢洪道。若河岸很陡,宜采用泄洪洞或井式溢洪道。若溢洪道与大坝紧邻,应修建导水墙将二者隔开,临近的坝体要加强防冲保护和做好防渗连接。溢洪道控制段应靠近水库,以减少水头损失。溢洪道布置还应仔细考虑出渣、堆渣及石渣的利用,做到与其他建筑物相互协调,避免干扰。

多泥沙河流应设排沙建筑物,并在进水口设防淤和防护措施。泄水和引水建筑物进、出口附近的坝坡和岸坡,应有可靠的防护措施。泄水建筑物出口应采用合理的消能措施并使消能以后的水流离开坝脚一定距离。

泄水建筑物应布置在岸边岩基上。对高、中坝不应采用坝下涵管,低坝采用软基上埋管时,必须进行技术论证。

任务3 剖面设计

目标:(1)理解土石坝的工作特点;
(2)掌握土石坝的类型;
(3)理解不同类型土石坝的剖面要求;
(4)掌握剖面设计的方法;
(5)会拟定土石坝各部分尺寸。

执行过程:资料分析→土石坝坝型的选择→土石坝的坝顶高程确定→土石坝的坝顶宽度确定→土石坝的坝坡选择→防渗体型式与尺寸确定→排水体型式与尺寸确定→土石坝剖面设计实训。

要点:(1)土石坝坝型的选择;
(2)土石坝坝顶高程的确定;
(3)土石坝防渗体与排水体型式的选择与尺寸拟定。

提交成果:(1)设计报告1份;
(2)土石坝典型剖面图2~3张。

1 土石坝坝型选择

土石坝中应用最广泛的坝型为碾压式土石坝,即用适当的土料、以合理的厚度分层填筑,逐层压实而成的坝体。碾压式土石坝的三种坝型:均质坝、土质防渗体分区坝、人工材料防渗体坝。坝型选择应综合考虑坝高、建筑材料、施工条件、枢纽布置、总工程量、总造价、总工期等因素,经技术经济比较后确定。

1.1 均质坝

均质坝坝体断面不分防渗体和坝壳,坝体基本上是由均一黏性土料(壤土、砂壤土)

筑成。整个坝体防渗并保持自身的稳定，由于黏性土料抗剪强度较低，对坝坡稳定不利，坝坡较缓，体积庞大，使用的土料多，铺土厚度薄，填筑速度慢，易受降雨和冰冻的影响。因此，多用于低、中坝，坝址处除黏性土料外，缺乏其他材料的情况下才采用。

1.2 心墙坝

土质心墙坝便于与坝基内的垂直和水平防渗体相连接。这种坝型不仅适用于建低坝，也适用于建高坝。心墙位于坝体的中央，适应变形的条件较好，特别是当坝肩很陡时，较斜墙坝优越。但是，心墙在施工时宜于两侧坝壳同时上升，施工干扰大，受气候条件的影响也大。

1.3 斜墙坝

土质斜墙坝便于与坝基内的垂直和水平防渗体相连接。这种坝型不仅适用于建低坝，也适用于建高坝。斜墙坝的砂砾石或堆石坝壳可以超前于防渗体填筑，而且不受气候条件限制，施工干扰小。但是斜墙坝的防渗体位于上游面，所以上游坝坡较缓，坝体工程量也相对较大。上游坝坡较缓，坝脚伸出较远，对溢洪道和输水洞进口布置有一定影响。斜墙对坝体的沉降变形比较敏感，与陡峻河岸连接较困难，故高坝中斜墙坝所占比例较小。

1.4 斜心墙坝

为了解决心墙坝与斜墙坝的上述问题，近年来很多高坝采用斜心墙坝，既避免了坝体沉降过大引起斜墙开裂的问题，又有利于克服拱效应和改善坝顶附近心墙的受力条件。

1.5 堆石坝

以石渣、卵石、爆破石料为主，除防渗体外，坝体的绝大部分或全部由石料堆筑起来的坝称为堆石坝。按防渗体布置，同样也有斜墙坝、心墙坝两种。钢筋混凝土面板堆石坝应用最为广泛。最大坝高为233 m的水布垭水电站大坝为此种坝型。

堆石坝与普通土坝相比，具有如下优点：

(1)抗滑稳定性好。水荷载作用在面板上传到坝体，整个堆石坝重量及面板上部分水重抵抗水压；分层碾压的堆石密实度高，抗剪强度大。大多数堆石坝不需做稳定分析，取坝坡1:1.3或1:1.4，对应坡角37.6°或35.5°，接近松散抛填堆石的自然休止角，大大低于碾压土石的内摩擦角(大于45°)。

(2)坝坡陡，断面小，枢纽布置紧凑。

(3)透水性好，抗震性能强。排水性好，处于无水状态，地震时不会产生孔隙水压力，不会液化或坝坡失稳。

(4)施工导流方便，坝体可过水。

(5)施工受雨季影响小，可分期施工。

(6)可承受水头不大的坝顶漫溢，较之土坝有更大的安全性，施工度汛时也允许有少量漫水。

堆石坝的坝坡与石料性质、坝高、坝型及地基条件有关，下游坡一般取1:1.25～1:1.4。如果石料质量或地基条件较差，则需要放缓边坡，有的达1:2.0～1:2.2。我国有些岩基上的堆石坝下游坡用大块石护面或干砌石护面，坡度可陡至1:1，甚至1:0.5～1:0.7，运用情况良好。上游坡取决于防渗体的材料和结构，变化范围较大，可达1:0.5～

1:2.5,在地震区有的达1:3.0,由稳定计算条件确定。

坝体应根据料源及对筑坝材料强度、渗透性、压缩性、施工方便和经济合理等要求进行分区,如图2-2所示。从上游向下游宜分为垫层区、过渡区、主堆石区、下游堆石区;在周边缝下游侧设置特殊垫层区;100 m以上高坝,宜在面板上游面低部位设置上游铺盖区及盖重区。各区坝料的渗透性宜从上游向下游增大,并应满足水力过渡要求。下游堆石区下游水位以上的坝料不受此限制。堆石坝体上游部分应具有低压缩性。下游围堰和坝体结合时,可在下游坝趾部位设硬岩抛石体。

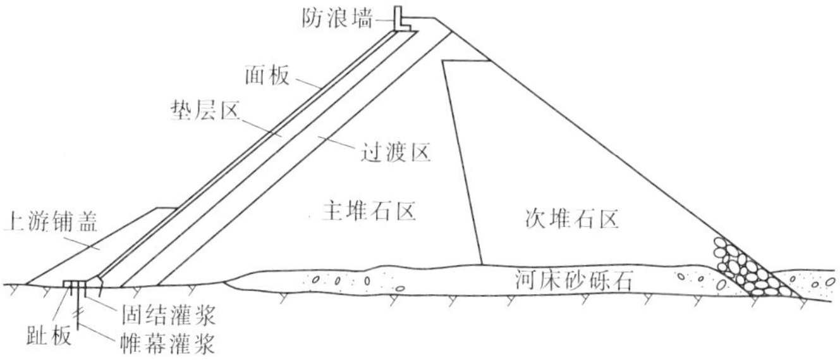

图2-2 面板堆石坝的基本构造

2 土石坝剖面设计

土石坝的基本剖面根据坝高和坝的等级、坝型和筑坝材料特性,坝基情况以及施工、运行条件等参照现有工程的实践经验初步拟定,然后通过渗流和稳定分析检验,最终确定合理的剖面形状。由于土石坝的基本剖面是梯形,所以土石坝剖面的基本尺寸主要包括坝顶高程、坝顶宽度、上下游坡度,以及防渗结构、排水设备的型式及基本尺寸等。

2.1 坝顶高程

坝顶高程要保证挡水需要,同时要防止波浪超越坝顶。坝顶高程按水库静水位加上防浪超高来确定,《碾压式土石坝设计规范》(SL 274—2001)规定,按下列运用条件计算,取其大者:

(1)设计洪水位加正常运用条件的坝顶超高;

(2)正常蓄水位加正常运用条件的坝顶超高;

(3)校核洪水位加非常运用条件的坝顶超高;

(4)正常蓄水位加非常运用条件的坝顶超高,再加地震安全超高。

当上游设防浪墙时,以上确定的坝顶高程改为防浪墙顶高程。此时,在正常运用情况下,坝顶高程应至少高于静水位0.5 m;在非常运用情况下,坝顶高程应高于静水位。

2.1.1 坝顶超高

坝顶超高如图2-3所示,其计算公式如下

$$Y = R + e + A \tag{2-1}$$

$$e = \frac{Kv_0^2D}{2gH_m}\cos\beta \tag{2-2}$$

式中 R——波浪在坝坡上的爬高,m;

e——最大风壅水面高度,m;

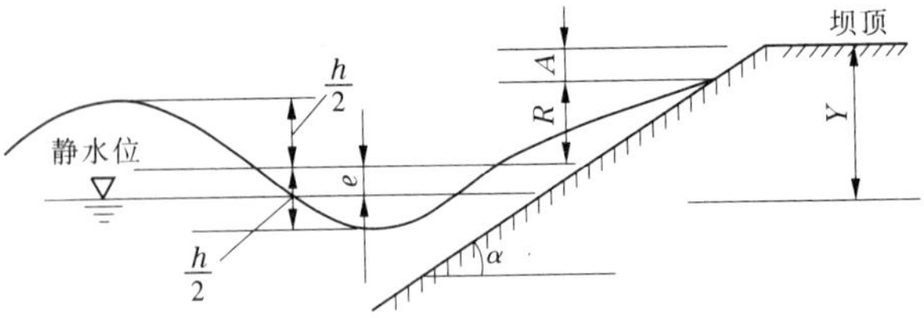

图 2-3　坝顶超高

K——综合摩阻系数，其值为$(1.5\sim5.0)\times10^{-6}$，计算时可取$3.6\times10^{-6}$；

β——风向与坝轴法线的夹角；

D——风区长度或吹程，m；

v_0——计算风速，m/s，正常运用条件下1级、2级坝，取多年平均最大风速的1.5～2.0倍，正常运用条件下3级、4级和5级坝，取多年平均最大风速的1.5倍，非常运用条件下，取多年平均最大风速；

H_m——坝前水域平均水深，沿风向做出地形剖面图求得，计算水位与相应的设计状况下的静水位一致，m；

A——安全加高，m，根据坝的等级和运用情况，按表 2-6 确定。

表 2-6　土石坝安全加高　　（单位：m）

运行情况		坝的级别			
		1	2	3	4、5
设计		1.5	1.0	0.7	0.5
校核	山区、丘陵区	0.7	0.5	0.4	0.3
	平原、滨海区	1.0	0.7	0.5	0.3

2.1.2　波浪爬高 R

波浪爬高与累积频率有关，一般用 R_P 表示，P 为累积频率(%)。对于Ⅰ、Ⅱ、Ⅲ级土石坝，取累积频率 $P=1\%$ 的波浪爬高值 $R_{1\%}$；对于Ⅳ、Ⅵ级土石坝，取累积频率 $P=5\%$ 的波浪爬高值 $R_{5\%}$。波浪爬高与坝前的波浪要素、坝坡坡度、坡面糙率、坝前水深、风速等因素有关。波浪爬高 $R(R_P)$ 的计算，土石坝设计规范推荐采用蒲田试验站公式，具体计算方法如下。

（1）计算波浪的平均爬高 R_m。当坝坡为 $m=1.5\sim5.0$ 时，R_m 的计算公式为

$$R_m=\frac{K_\Delta K_w K_\beta}{\sqrt{1+m^2}}\sqrt{h_m L_m}\tag{2-3}$$

$$\frac{1}{m}=\frac{1}{2}\left(\frac{1}{m_{上}}+\frac{1}{m_{下}}\right)\tag{2-4}$$

式中　K_Δ——斜坡的糙率及渗透系数，见表 2-7；

K_w——经验系数，与$\dfrac{v_0}{\sqrt{gH_m}}$有关，见表 2-8；

K_β——斜向来波折减系数,见表2-9;

h_m、L_m——平均波高和波长,m;

m——单坡的坡度系数,若单坡坡角为 α,则 $m=\cot\alpha$,在带有马道的复坡上,马道上下游坡度不一致,且位于静水位以下 $0.5h_{1\%}$ 范围内,可按式(2-4)确定该坝坡的折算单坡坡度;

$m_上$、$m_下$——马道以上、马道以下坡度系数,$m_上$、$m_下$ 都不应小于1.5。

表2-7 斜坡的糙率及渗透系数 K_Δ

护面类型	K_Δ	护面类型	K_Δ
光滑不透水护面(沥青混凝土)	1.0	砌石护面	0.75~0.85
混凝土板护面	0.9	抛填两层块石(不透水地基)	0.6~0.85
草皮护面	0.85~0.90	抛填两层块石(透水地基)	0.5~0.55

表2-8 经验系数 K_w

$\frac{v_0}{\sqrt{gH_m}}$	≤1	1.5	2.0	2.5	3.0	3.5	4.0	>5.0
K_w	1.0	1.02	1.08	1.16	1.22	1.25	1.28	1.30

表2-9 斜向来波折减系数 K_β

β(°)	0	10	20	30	40	50	60
K_β	1.00	0.98	0.96	0.92	0.87	0.82	0.76

蒲田试验站的波高和波长计算:

①平波波高的计算

$$\frac{gh_m}{v_0^2}=0.13\mathrm{th}\left[0.7\left(\frac{gH_m}{v_0^2}\right)^{0.7}\right]\mathrm{th}\left\{\frac{0.0018(gD/v_0^2)^{0.45}}{0.13\mathrm{th}[0.7(gH_m/v_0^2)^{0.7}]}\right\} \tag{2-5}$$

式中符号意义同前。

②平均波长的计算

当 $\frac{H_m}{L_m}\geqslant 0.5$ 时

$$L_m=\frac{gT_m^2}{2\pi} \tag{2-6}$$

当 $\frac{H_m}{L_m}<0.5$ 时

$$L_m=\frac{gT_m^2}{2\pi}\mathrm{th}\frac{2\pi H_m}{\lambda} \tag{2-7}$$

其中波周期为

$$\frac{gT_m}{v_0}=13.9\left(\frac{gh_m}{v_0^2}\right)^{0.5} \tag{2-8}$$

(2)计算波浪的累积频率爬高值 R_P。

$$R_P=K_PR_m \tag{2-9}$$

式中　K_P——爬高累积频率换算系数,见表 2-10。

计算时,按式(2-1)~式(2-9),分设计、校核、正常蓄水位三种工况分别计算,成果汇总见表 2-11。

表 2-10　爬高累积频率换算系数 K_P

h_m/H_m	$P=1\%$	$P=2\%$	$P=5\%$	$P=10\%$
<0.1	2.23	2.07	1.84	1.54
0.1~0.3	2.08	1.94	1.75	1.48
>0.3	1.86	1.76	1.61	1.40

表 2-11　坝顶高程计算表　(单位:m)

计算工况	静水位	R	e	A	Δh	防浪墙顶高程		坝顶高程
设计洪水位								
校核洪水位								
正常蓄水位								

当坝顶上游设防浪墙时,坝顶超高可改为对防浪墙顶的要求。但此时在正常运用情况下,坝顶高程应至少高于静水位 0.5 m;在非常运用情况下,坝顶高程应不低于静水位。

2.2　坝顶宽度

坝顶宽度主要满足运行、施工、交通和人防等要求。无特殊要求时,高坝的最小坝顶宽度一般为 10~15 m,中低坝为 5~10 m;有交通要求时,应按交通规定确定。

坝顶宽度必须考虑心墙或斜墙顶部及反滤层布置的需要。在寒冷地区,坝顶还需有足够的厚度,以保护黏性土料防渗体免受冻害。

2.3　坝坡

坝坡应根据坝型、坝高、坝体材料和坝基情况,还要考虑坝体承受的荷载、施工和运用条件等因素,通过技术经济分析比较确定。一般方法是:根据经验初步拟定坝坡,再进行渗流和稳定分析,根据分析计算结果修改坝坡,直至获得合理的坝坡。

一般情况下,上游坝坡经常浸在水中,工作条件不利,所以当上下游坝坡采用同一种土料时,上游坝坡比下游坝坡缓。心墙坝上下游坝壳多采用强度较高的非黏性土填筑,所以坝坡一般比均质坝陡。塑性斜墙坝上游坝坡较缓,下游坡则和心墙坝相仿。地基条件好、土料碾压密实的,坝坡可以陡些,反之则应放缓。黏性土料的稳定坝坡为一曲面,上部坡陡,下部坡缓,所以用黏性土料做成的坝坡,常沿高度分成数段,每段 10~30 m,从上而下逐渐放缓,相邻坡率差值取 0.25 或 0.5。砂土和堆石的稳定坝坡为一平面,可采用均一坡率。当坝基或坝体土料沿坝轴线分布不一致时,应分段采用不同坡率,在各段间设过渡区,使坝坡缓慢变化。

土石坝坝坡确定的步骤是:根据经验用类比法初步拟定,再经过核算、修改以及技术经济比较后确定。表 2-12 所示为坝坡经验值。

表 2-12 坝坡经验值

类型			上游坝坡	下游坝坡
土坝坝高(m)	<10		1:2.00~1:2.50	1:1.50~1:2.00
	10~20		1:2.25~1:2.75	1:2.00~1:2.50
	20~30		1:2.50~1:3.00	1:2.25~1:2.75
	>30		1:3.00~1:3.50	1:2.5~1:3.00
分区坝	心墙坝	堆石(坝壳)	1:1.7~1:2.7	1:1.5~1:1.25
		土料(坝壳)	1:2.0~1:3.0	1:2.0~1:3.0
	斜墙坝		石质比心墙坝缓0.2,比土质坝缓0.5	取值比心墙坝可适当偏陡

在变坡处可根据需要确定是否设置马道,其宽度不宜小于1.5 m。马道内侧设置排水沟,用以拦截雨水,防止冲刷坝面。土质防渗体分区坝和均质坝上游坡少设马道,非土质防渗材料面板坝上游坡不宜设马道。

任务4 细部构造设计

目标:(1)掌握土石坝坝顶、护坡、防渗体、排水体、反滤层等细部构造设计;
(2)绘制土石坝细部设计图。

执行过程:坝顶细部构造设计→防渗体细部构造设计→排水体细部构造设计→护坡细部构造设计→坝坡排水细部构造设计→反滤层细部构造设计→土石坝细部构造设计实训。

要点:(1)土石坝各细部构造设计;
(2)土石坝各细部图绘制。

提交成果:(1)设计报告1份;
(2)按比例绘制细部构造设计图5~6张。

1 坝顶

坝顶(见图2-4)做护面,护面的材料可采用碎石、单层砌石、沥青或混凝土路面。如坝顶有公路交通要求,坝顶结构应满足公路交通路面的有关规定。

坝顶上游侧常设防浪墙,防浪墙应坚固、不透水。一般采用浆砌石或钢筋混凝土筑成,墙底应与坝体中的防渗体紧密连接,以防高水位时漏水。防浪墙的高度一般为1.0~1.2 m。

坝顶下游一般设路缘石或栏杆。坝顶面应向两侧或一侧倾斜,形成2%~3%的坡度,以便排除雨水。坝面布置与坝顶结构力求经济实用,在建筑艺术处理方面要美观大方。

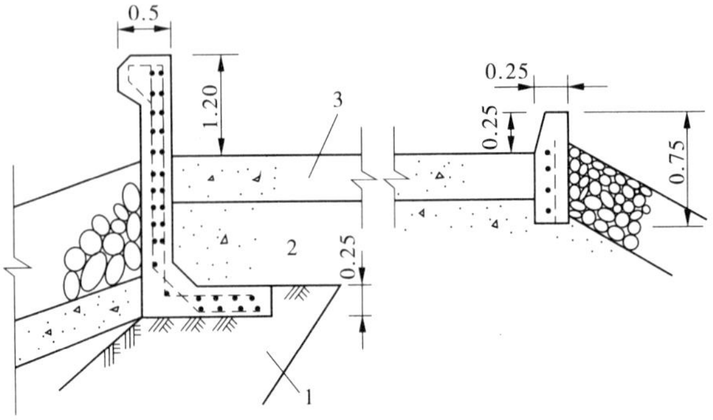

1—斜墙;2—回填土;3—碎石路面

图 2-4　坝顶构造　(单位:m)

2　防渗体

设置防渗设施的目的是:减少通过坝体和坝基的渗漏量,降低浸润线,以增加下游坝坡的稳定性;降低渗透坡降,以防止渗透变形。土石坝的防渗措施应包括坝体防渗、坝基防渗及坝体与坝基、岸坡及其他建筑物连接的接触防渗。防渗体主要是心墙、斜墙、铺盖、截水槽等,它的结构和尺寸应能满足防渗、构造、施工和管理方面的要求。

2.1　黏性土心墙

黏性土心墙位于土石坝坝体断面的中心部位,并略微偏向上游(见图 2-5),有利于心墙与坝顶的防浪墙相连接;同时也可使心墙后的坝壳先期施工,坝壳得到充分的先期沉降,从而避免或减少坝壳与心墙之间因变形不协调而产生的裂缝。

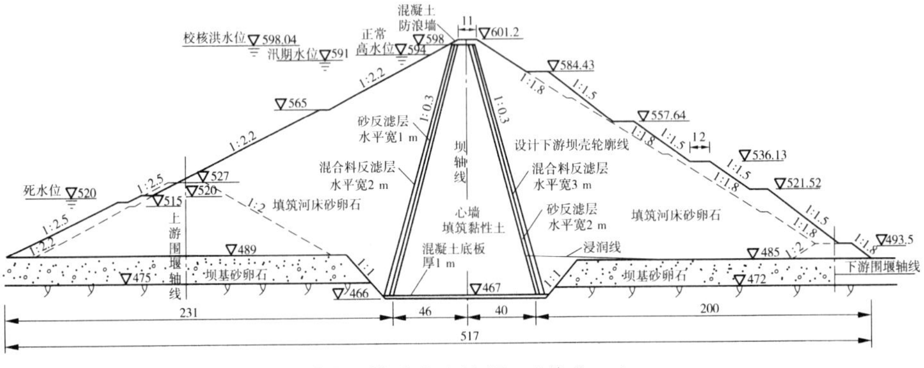

图 2-5　某黏土心墙坝　(单位:m)

心墙的厚度应根据土料的容许渗透坡降来确定,保证心墙在渗透坡降作用下不至于被破坏,有时也需考虑控制下游浸润线的要求。

轻壤土的容许渗透坡降为 3 ~ 4,壤土为 4 ~ 6,黏土为 6 ~ 8。心墙顶部的水平宽度不宜小于 3m,心墙底部厚度不宜小于作用水头的 1/4。心墙的两侧坡度一般为 1∶0.15 ~ 1∶0.3,有些两侧坡度可达 1∶0.4 ~ 1∶0.5。

心墙的顶部应高出设计洪水位 0.3 ~ 0.6 m,且不低于校核水位,当有可靠的防浪墙时,心墙顶部高程也不应低于设计洪水位。

心墙顶部与坝顶之间应设置保护层,以防止冻结、干燥等因素的影响,并按结构要求不小于 1 m,一般为 1.5 ~2.5 m。

心墙与坝壳之间应设置过渡层。过渡层的要求可以比反滤层的要求低,一般采用级配较好的、抗风化的细粒石料和砂砾石料。过渡层除有一定的反滤作用外,主要还是为了避免防渗体与坝壳两种刚度相差较大的土料之间刚度的突然变化,使应力传递均匀,防止防渗体产生裂缝,或控制裂缝的发展。

心墙与坝基及两岸必须有可靠的连接。对于土基,一般采用黏性土截水槽;对于岩基,一般采用混凝土垫座或混凝土齿墙(见图 2-6),齿墙的高度为 1.5 ~2.0 m,切入岩基的深度常为 0.2 ~0.5 m,有时还要在下部进行帷幕灌浆。

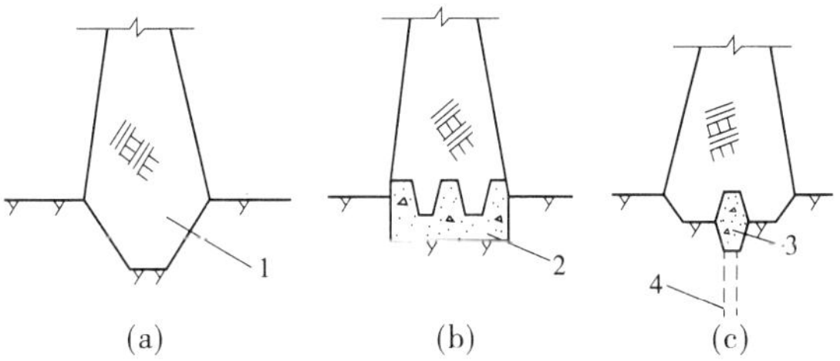

1—截水槽;2—混凝土垫座;3—混凝土齿墙;4—灌浆孔

图 2-6　心墙与地基的连接

2.2　黏性土斜墙

黏性土斜墙位于土石坝坝体上游面(见图 2-7)。它是土石坝中常见的又一种防渗结构。填筑材料与土质心墙材料相近。

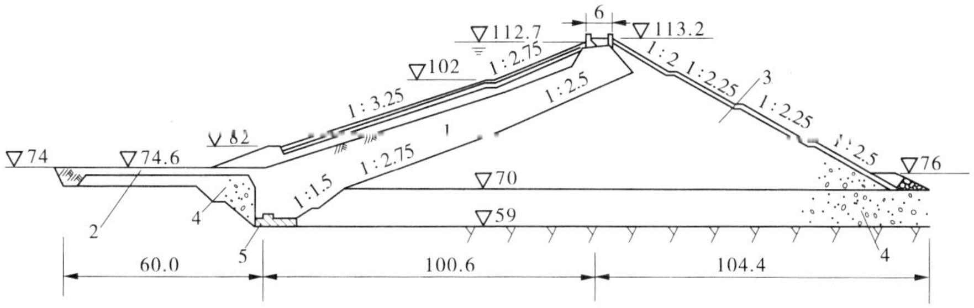

1—黏土斜墙;2—黏土铺盖;3—砂砾石坝壳;4—砂砾石地基;5—混凝土齿墙

图 2-7　某黏土斜墙坝　(单位:m)

斜墙的厚度应根据土壤的容许渗透坡降和结构的稳定性两方面来确定,有时也需考虑控制下游浸润线的要求,以及渗透流量的要求。斜墙顶部的水平宽度不宜小于 3 m,斜墙底部的厚度应不小于作用水头的 1/5。

墙顶应高出设计洪水位 0.6 ~0.8 m,且不低于校核水位。同样,如有可靠的防浪墙,斜墙顶部也不应低于设计洪水位。

斜墙的上游侧坡面和斜墙的顶部,必须设置保护层。其目的是防止斜墙被冲刷、冻裂或干裂,一般用砂、砂砾石、卵石或碎石等砌筑而成。斜墙顶部与坝顶之间的保护层按结构要求不小于 1 m,一般为 1.5 ~2.5 m。

斜墙与坝壳之间应设置过渡层。过渡层的作用、构造要求等与心墙与坝体间的过渡层类似,但由于斜墙在受力后更容易变形,因此斜墙后的过渡层的要求应适当高一些,且常设置为两层。斜墙与保护层之间的过渡层可适当简单,当保护层的材料比较合适时,可只设一层,有时甚至可以不设保护层。

斜墙及过渡层的两侧坡度,主要取决于土坝稳定计算的结果,一般外坡应为1:2.0~1:2.5,内坡为1:1.5~1:2.0。

3 坝体排水设施

土石坝坝身排水设施的主要作用是:①降低坝体浸润线,防止渗流逸出处的渗透变形,增强坝坡的稳定性;②防止坝坡受冰冻破坏;③有时也起降低孔隙水压力的作用。

3.1 堆石棱体排水

堆石棱体排水(见图2-8)是在坝趾处用块石堆筑而成的棱体,也称为排水棱体或滤水坝趾。堆石棱体排水能降低坝体浸润线,防止坝坡冰冻和渗透变形、保护下游坝脚不受尾水淘刷,同时还可支撑坝体,增加坝的稳定性。堆石棱体排水工作可靠,便于观测和检修,是目前使用最为广泛的一种坝体排水设施,多设置在下游有水的情况下。

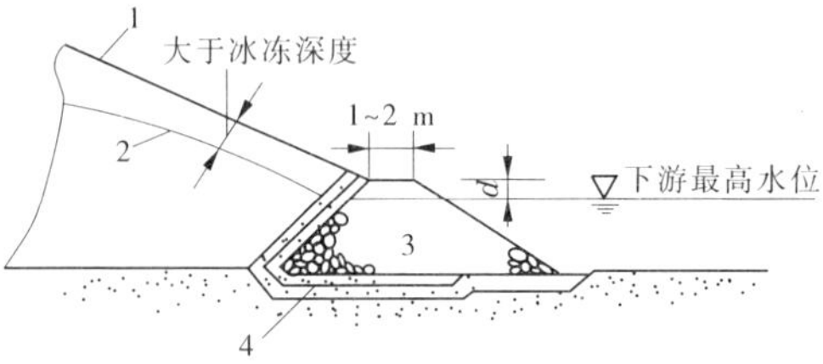

1—下游坝坡;2—浸润线;3—棱体排水;4—反滤层

图2-8 堆石棱体排水示意

棱体排水顶部高程应超出下游最高水位。对1、2级坝,不应小于1.0 m;对3、4、5级坝,不应小于0.5 m;应超过波浪沿坡面的爬高;顶部高程应使坝体浸润线距坝面的距离大于该地区冻结深度;顶部宽度应根据施工条件和检查观测需要确定,且不宜少于1.0 m;应避免在棱体上游坡脚处出现锐角。棱体的内坡坡度一般为1:1~1:1.5,外坡坡度一般为1:1.5~1:2.0。排水体与坝体及地基之间应设置反滤层。

3.2 贴坡排水

贴坡排水(见图2-9)是一种直接紧贴下游坝坡表面铺设的排水设施,不伸入坝体内部。因此,又称表面排水。贴坡排水不能缩短渗径,也不影响浸润线的位置,但它能防止渗流溢出点处土体发生渗透破坏,提高下游坝坡的抗渗稳定性和抗冲刷的能力。贴坡排水构造简单,用料节省,施工方便,易于检修。

贴坡排水顶部高程应高于坝体浸润线出逸点,且应使坝体浸润线在该地区的冻结深度以下。对1、2级坝,不应小于2.0 m;对3、4、5级坝,不应小于1.5 m;应超过波浪沿坡面的爬高;底脚应设置排水沟或排水体;材料应满足防浪护坡的要求。

贴坡排水单独使用时,主要用于周期性被淹没的、坝的滩地部分的下游坝坡上。贴坡排水常与其他排水设施结合在一起使用,形成组合式排水。

贴坡排水一般由1~2层足够均匀的块石组成,从而保证有很高的渗透系数。石块的

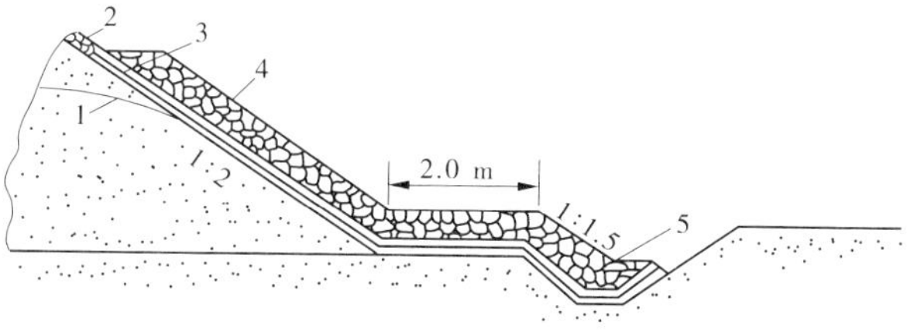

1—浸润线;2—护坡;3—反滤层;4—排水体;5—排水沟

图2-9 贴坡排水示意

粒径应根据在下游波浪的作用下能够保持稳定的条件来确定。下游最高水位以上的贴坡排水,可只填筑砾石或碎石。

贴坡排水砌石或堆石与下游坡面之间应设置反滤层。

3.3 褥垫排水

褥垫排水(见图2-10)是设在坝体基部、从坝址部位沿坝底向上游方向伸展的水平排水设施。

褥垫排水的主要作用是降低坝内浸润线。褥垫伸入坝体越长,降低坝内浸润线的作用越大,但越长也越不经济。因此,褥垫伸入坝内的长度以不大于坝底宽度的1/3~1/4为宜。褥垫排水一般采用粒径均匀的块石,厚度为0.4~0.5 m。在褥垫排水的周围,应设置反滤层。

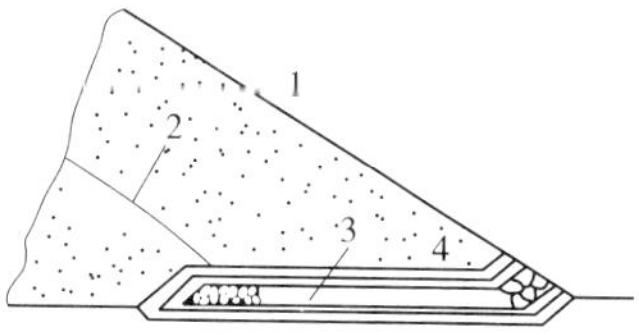

1—护坡;2—浸润线;3—排水体;4—反滤层

图2-10 褥垫排水示意

褥垫排水一般设置在下游无水的情况。但由于褥垫排水对地基不均匀沉降的适应性较差,且难以检修,因此在工程中应用得不多。

3.4 综合式排水

综合式排水(见图2-11)是为了充分发挥不同排水设施的功效,根据工程的需要,采用两种或两种以上的排水设施型式组合而成的排水设施。

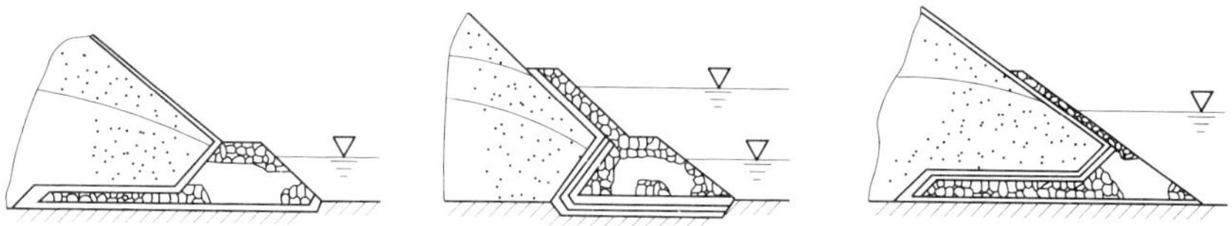

(a) (b) (c)

图2-11 组合式排水示意

4 护坡与坝坡排水

4.1 护坡

护坡主要是保护坝坡免受波浪和降雨的冲刷;防止坝体的黏性土发生冰结、膨胀、收缩现象。对于坝表面为土、砂、砂砾石等材料的土石坝,其上、下游均应设置专门的护坡。对于堆石坝,可采用堆石材料中的粗颗粒料或超径石做护坡。

4.1.1 上游护坡

上游护坡可采用抛石、干砌石、浆砌石、混凝土块（板）或沥青混凝土，如图 2-12、图 2-13所示，其中以砌块石护坡最常用。根据风浪大小，干砌石护坡可采用单层砌石或双层砌石，单层砌石厚 0.3 ~0.35 m，双层砌石厚 0.4 ~0.6 m，下面铺设 0.15 ~0.25 m 厚的碎石或砾石垫层。

护坡范围上至坝顶，下至水库最低水位 2.5 m 以下，4、5 级坝可减至 1.5 m，不高的坝或最低水位不确定时常护至坝底。上游护坡在马道及坡脚应设置基座，以增加稳定性。

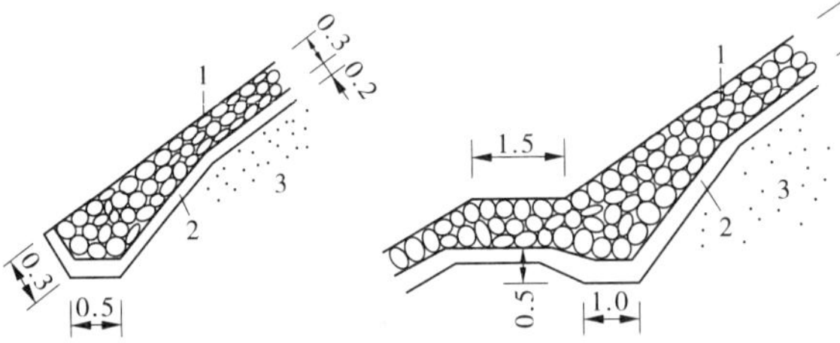

(a) (b)

1—干砌石；2—垫层；3—坝体

图 2-12 干砌石护坡 （单位：m）

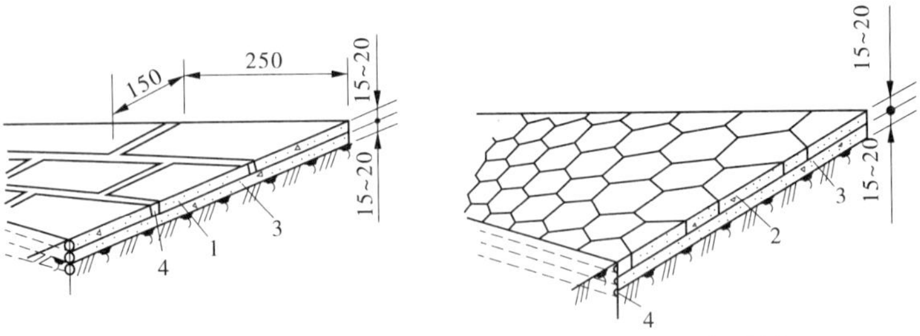

(a)矩形板 (b)六角形板

1—矩形混凝土板；2—六角形混凝土板；3—碎石或砾石；4—结合缝

图 2-13 混凝土板护坡 （单位：cm）

4.1.2 下游护坡

下游护坡可采用草皮、碎石或块石等，其中草皮护坡是最经济的形式之一。草皮厚度一般为 0.05 ~0.10 m，在草皮下部一般先铺垫一层厚 0.2 ~0.3 m 的腐殖土。

下游面护坡的覆盖范围应由坝顶护至排水棱体；无排水棱体时，应护至坝脚。如坝体为堆石、碎石或卵石填筑，可不设护坡。

4.2 坝坡排水

在下游坝坡上常设置纵横向连通的排水沟（见图 2-14）。沿土石坝与岸坡的结合处，也应设置排水沟，以拦截山坡上的雨水。坝面上的纵向排水沟沿马道内侧布置，用浆砌石或排混凝土板铺设成矩形或梯形。若坝较短，纵向排水沟拦截的雨水可引至两岸的排水沟排至下游。若坝较长，则应沿坝轴线方向每隔 50 ~100 m 设一横向排水沟，以便排除雨水。排水沟的横断面，一般深 0.2 m，宽 0.3 m。

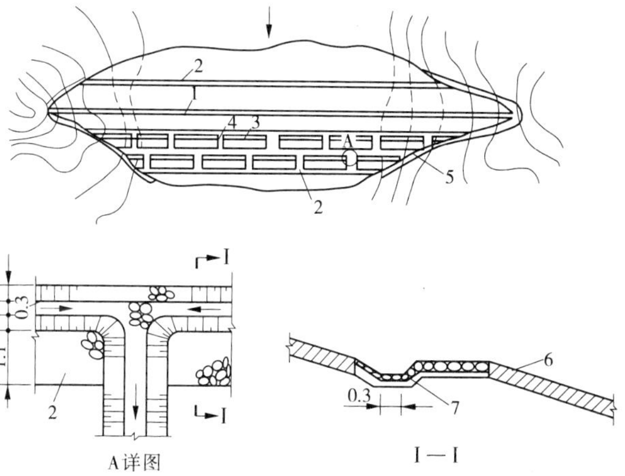

1—坝顶;2—马道;3—纵向排水沟;4—横向排水沟;
5—岸坡排水沟;6—草皮护坡;7—浆砌石排水沟

图2-14 坝坡排水 (单位:m)

任务5 渗流分析

目标:(1)了解土石坝的渗流分析方法;
(2)掌握水力学法计算土石坝的浸润线、渗流量、渗透坡降;
(3)合理选用防止渗透破坏的措施。

执行过程:渗流分析目的→渗流分析的方法→水力学法计算各种类型土石坝的浸润线、渗流量、渗透坡降→渗流总量计算→防止渗透破坏措施→渗流分析实训。

要点:(1)土石坝渗流分析的水力学法;
(2)土石坝防止渗透变形的措施。

提交成果:设计报告1份。

1 渗流分析的目的

土石坝基本剖面确定后,需要通过渗流分析检验坝体及坝基的安全性,并为坝坡稳定分析提供依据。计算内容如下:

(1)确定坝体浸润线和下游渗流出逸点的位置。

(2)确定坝体与坝基的渗流量,以便估算水库渗漏损失和确定坝体排水设备的尺寸。

(3)确定坝坡出逸段和下游地基表面的出逸坡降,以及不同土层之间的渗透坡降,以判断该处的渗透稳定性。

2 渗流分析的水力学法

用水力学法进行土石坝渗流计算时,可将坝内渗流分为若干段,应用达西定律和杜平假设,建立各段的运动方程式,然后根据水流的连续性求解渗透流速、渗透流量和浸润线等。

进行渗流计算时,应考虑水库运行中可能出现的不利条件。《碾压式土石坝设计规范》(SL 271—2001)规定,需计算下列工况:①上游正常蓄水位与下游相应的最低水位;

②上游设计洪水位与下游相应的水位；③上游校核洪水位与下游相应的水位；④库水位降落时上游坝坡稳定最不利的情况。

计算断面一般选择若干个典型断面，如最大坝高断面、岩基断面、地基覆盖层变化较大的断面等。

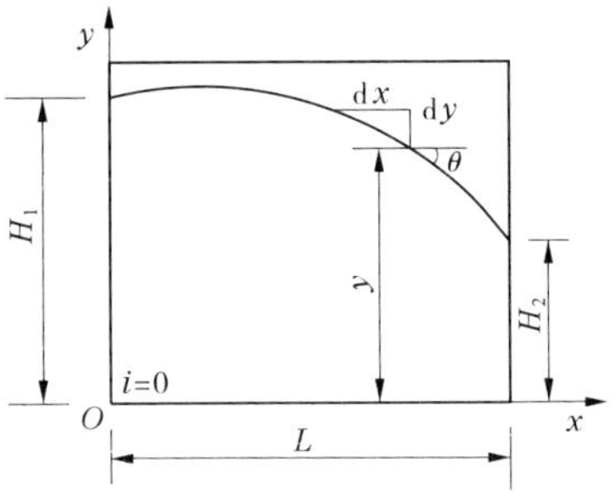

图 2-15　不透水地基上矩形土体的渗流计算图

2.1　渗流基本公式

对于不透水地基上矩形土体内的渗流，如图 2-15 所示。

应用达西定律，渗透流速 $v = KJ$，K 为渗透系数，J 为渗透坡降。假定任一铅直过水断面内各点渗透坡降均相等，则全断面的平均流速 v 为

$$v = -K\frac{\mathrm{d}y}{\mathrm{d}x} \tag{2-10}$$

式中　x——渗流沿程坐标；

y——浸润线高度坐标；

K——渗透系数；

v——渗透流速。

设渗流单宽流量为 q，则由式(2-11)可得

$$q = -Ky\frac{\mathrm{d}y}{\mathrm{d}x} \tag{2-11}$$

经整理得

$$q = \frac{K(H_1^2 - H_2^2)}{2L} \tag{2-12}$$

式中　H_1——上游水深；

H_2——下游水深；

L——渗流长度。

式(2-11)为浸润线微分方程，其解为

$$y = \sqrt{H_1^2 - \frac{2q_1}{K}x} \tag{2-13}$$

式中　q_1——坝体单宽渗流流量。

对于心墙坝和斜墙坝，式(2-13)可变为

$$y = \sqrt{h^2 - \frac{2q_1}{K}x} \tag{2-14}$$

式中　h——防渗体后水深。

由式(2-13)可知，浸润线是一个二次抛物线。式(2-12)和式(2-13)为渗流基本公式，当渗流量 q 已知时，即可绘制浸润线，若边界条件已知，即可计算单宽渗流量。

2.2　不同型式坝体的渗流计算

水力学公式计算法对边界条件进行近似处理得到的，各种教科书提供的公式都有一定的差异，引用时需要仔细分析选用。对于特殊情况，可以按照以上基本原理和边界条件进行推求。

单宽渗流量 $q = q_1 + q_2$，q_2 为坝基渗流量，见表 2-13。

表 2-13 渗流计算基本方程

坝型	计算简图	基本方程	说明
均质坝,无排水设施	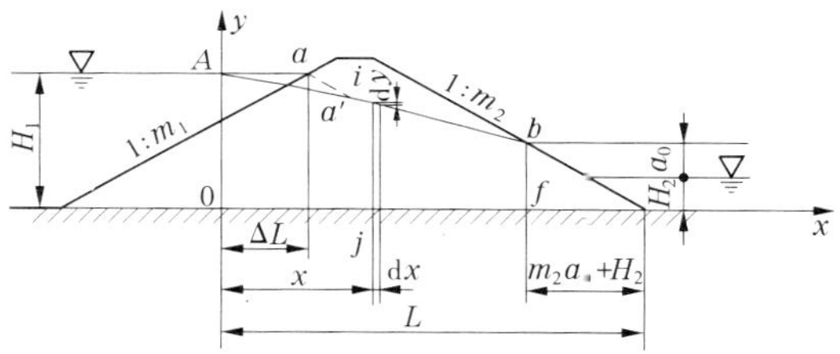	$\frac{H_1^2-(H_2+a_0)^2}{2L'}=\frac{a_0}{m_2+0.5}\left(1+\frac{H_2}{a_0+a_m H_2}\right)$ $a_m=\frac{m_2}{2(m_2+0.5)^2}$，$L'=L-m_2(a_0+H_2)$ $q_1=k\frac{H_1^2-(H_2+a_0)^2}{2L'}$，$q_2=k_T\frac{H_1-H_2}{nL_0}T$	先求解 a_0，L_0 为坝底宽度
均质坝，棱体排水	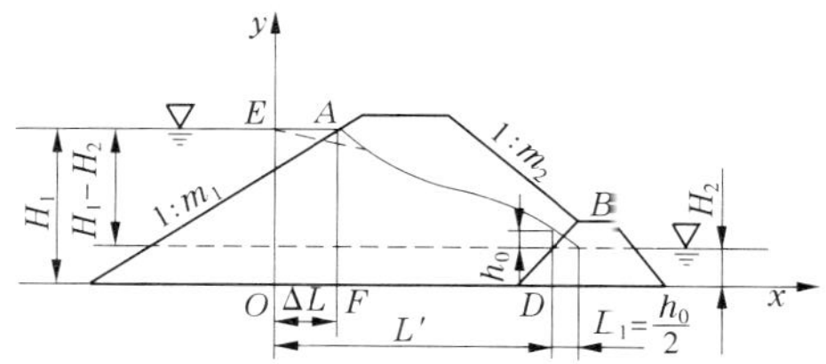	$h_0=\begin{cases}\sqrt{L'^2+(H_1-H_2)^2}-L' & (T=0)\\0 & (T>0)\end{cases}$ $q_1=k\frac{H_1^2-(H_2+h_0)^2}{2L'}$，$q_2=k_T\frac{H_1-H_2-h_0}{nL_0}T$	L_0 为上游坝脚至棱体上游点 D 的宽度
均质坝，褥垫排水	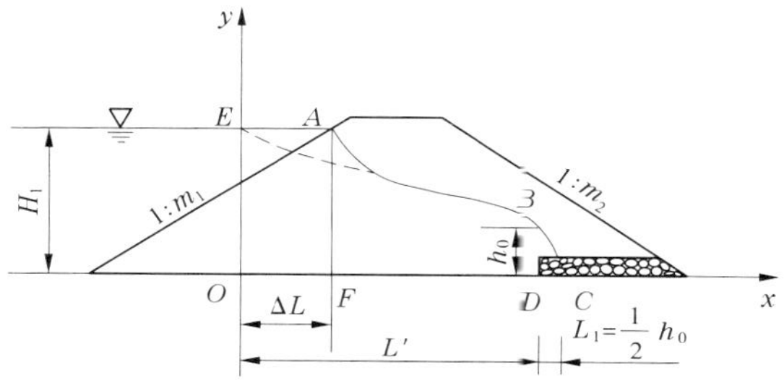	$h_0=\begin{cases}\sqrt{L'^2+H_1^2}-L' & (T=0)\\0 & (T>0)\end{cases}$ $q_1=k\frac{H_1^2-h_0^2}{2L'}$，$q_2=k_T\frac{H_1}{L'+0.44T}T$	

续表 2-13

坝型	计算简图	基本方程	说明
心墙坝	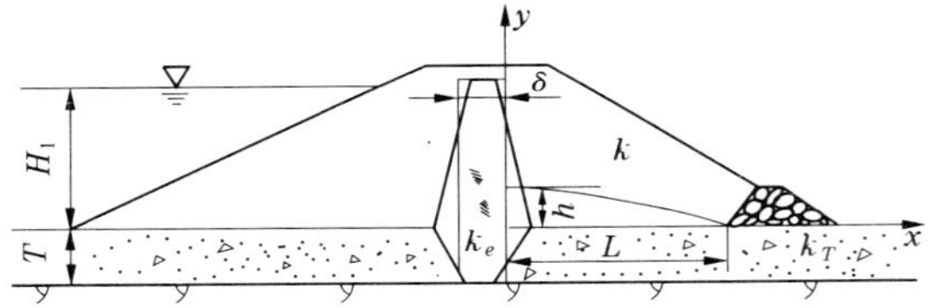	$k_e\frac{(H_1^2+T)-(h+T)^2}{2\delta}=k\frac{h^2-H_2^2}{2L'}+k_T\frac{h-H_2}{n'L'}T$ $L'=L+m_3H_2$ $q_1=k\frac{h^2-H_2^2}{2L'},\quad q_2=k_T\frac{h-H_2}{n'L'}T$	先求解 h
带截水墙的斜墙坝	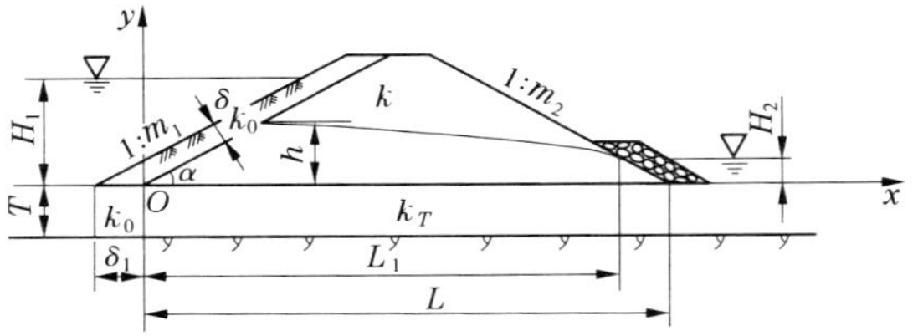	$k_e\frac{H_1^2-h^2}{2\delta\sin\alpha}+k_e\frac{H_1-h}{\delta}T=k\frac{h^2-H_2^2}{2(L-m_1h)}+k_T\frac{h-H_2}{n'(L-m_1h)}T$ $q_1=k\frac{h^2-H_2^2}{2(L-m_1h)},\quad q_2=k_T\frac{h-H_2}{n'(L-m_1h)}T$	先求解 h
带水平铺盖的斜墙坝	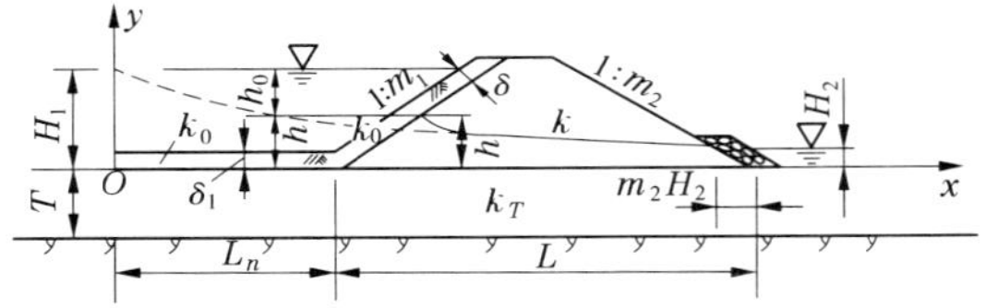	$k_T\frac{H_1-h}{n'(L_n+m_1h)}T=k\frac{h^2-H_2^2}{2(L-m_1h)}+k_T\frac{h-H_2}{n'(L-m_1h)}T$ $q_1=k\frac{h^2-H_2^2}{2(L-m_1h)},\quad q_2=k_T\frac{h-H_2}{n'(L-m_1h)}T$	先求解 h

注：表中 k、k_e、k_T 分别为坝体、防渗体和坝基的渗透系数；T 为透水地基深度；L_0 为排水体上游起点前的坝底宽度；n 为坝基渗径修正系数，见表 2-14；$n'=\frac{n+1}{2}$；m_1、m_2、m_3 分别是上游坝坡、下游坝坡和排水棱体上游边坡坡比；$\Delta L=\frac{m_1}{1+2m_1}H_1$。

表2-14 坝基渗径修正系数

L_0/T	20	5	4	3	2	1
n	1.15	1.18	1.23	1.30	1.44	1.87

3 土石坝的渗流变形及防治措施

土坝及地基中的渗流，由于其机械或化学作用，可能使土体产生局部破坏，称为“渗透破坏”。严重的渗透破坏可能导致工程失事，因此必须加以控制。

3.1 渗透变形的型式

渗透变形的型式及其发生、发展、变化过程，与土料性质、土粒级配、水流条件以及防渗、排渗措施等因素有关，一般可归纳为：管涌、流土、接触冲刷、接触流土、接触管涌等类型。最主要的是管涌和流土两种类型。

3.1.1 管涌

坝体或坝基中的细土壤颗粒被渗流带走，逐渐形成渗流通道的现象称为管涌或机械管涌。管涌一般发生在坝的下游坡或闸坝的下游地基面渗流逸出处。没有凝聚力的无黏性砂土、砾石砂土中容易发生管涌；黏性土的颗粒之间存在凝聚力（或称黏结力），渗流难以将其中的颗粒带走，一般不易发生管涌。管涌开始时，细小的土壤颗粒被渗流带走；随着细小颗粒的大量流失，土壤中的孔隙加大，较大的土壤颗粒也会被带走；如此逐渐向内部发展，形成集中的渗流通道。使个别小颗粒土在孔隙内开始移动的水力坡降，称为管涌的临界坡降；使更大的土粒开始移动，从而产生渗流通道和较大范围破坏的水力坡降，称为管涌的破坏坡降。

单个渗流通道的不断扩大或多个渗流通道的相互连通，最终将导致大面积的塌陷、滑坡等破坏现象。

3.1.2 流土

在渗流作用下，成块的土体被掀起浮动的现象称为流土。流土主要发生在黏性土及均匀非黏性土体的渗流出口处。发生流土时的水力坡降，称为流土的破坏坡降。

3.1.3 接触冲刷

当渗流沿两种不同土壤的接触面或建筑物与地基的接触面流动时，把其中细颗粒带走的现象称为接触冲刷。

3.1.4 接触管涌和接触流土

渗流方向垂直于两种不同土壤的接触面时，如在黏土心墙与坝壳砂砾料之间，坝体或坝基与排水设施之间，以及坝基内不同土层之间的渗流，可能把其中一层的细颗粒带到另一层的粗颗粒中去，称为接触管涌。当其中一层为黏性土，由于含水量增大致使凝聚力降低而成块移动，甚至形成剥蚀时，称为接触流土。

3.2 渗透变形的判别

渗流类型与土体的颗粒分布及其含量有关，是由内在因素决定的；至于会不会发生渗透变形，还要根据外部因素——渗透坡降来判别。因此，渗透变形的判别包括两个方面：

渗透类型与发生条件。

3.2.1 非黏性土管涌与流土的判别

试验研究表明，土壤中的细颗粒含量是影响土体渗透性能和渗透变形的主要因素。南京水利科学研究院进行大量研究，结论是粒径在 2 mm 以下的细粒含量 $P>35\%$ 时，孔隙填充饱满，易产生流土；$P<25\%$ 时，孔隙填充不足，易产生管涌；$25\%<P<35\%$ 时，可能产生管涌或流土。提出产生管涌或流土的细粒临界含量与孔隙率的关系为

$$P_Z = \alpha \frac{\sqrt{n}}{1+\sqrt{n}} \tag{2-15}$$

式中 P_Z——粒径等于或小于 2 mm 的细粒临界含量(%)；

n——土体孔隙率；

α——修正系数，一般取 0.95 ~ 1.00。

判据：当土体中的细粒含量大于 P_Z 时，可能产生流土；当土体中的细粒含量小于或等于 P_Z 时，可能产生管涌。

3.2.2 渗透变形的临界坡降

3.2.2.1 管涌的临界坡降

对于大中型工程，应通过管涌试验来确定管涌的临界坡降。对于中小型工程及初步设计，且当渗流方向由下向上时，可用南京水利科学研究院的经验公式计算：

$$J_C = \frac{42d_3}{\sqrt{\frac{k}{n^3}}} \tag{2-16}$$

式中 d_3——相应于粒径曲线上含量为 3% 的粒径，cm；

其余变量意义同前。

容许渗透坡降[J]可由渗透变形的临界坡降除以安全系数来确定。安全系数应根据建设物的级别和土壤的类别选定，一般为 2 ~ 3。

无黏性土的容许渗透坡降，当无试验资料时，对于渗流出口无反滤层情况，可按表 2-15数值选用。

表 2-15 无黏性土容许渗透坡降

容许渗透坡降	渗透变形型式					
	流土型			过渡型	管涌型	
	$C_u \leq 3$	$3 \leq C_u \leq 5$	$C_u > 5$		连续级配	不连续级配
[J]	0.25 ~ 0.35	0.35 ~ 0.50	0.50 ~ 0.80	0.25 ~ 0.40	0.15 ~ 0.25	0.10 ~ 0.20

3.2.2.2 流土的临界坡降

当渗流方向由下向上时，常采用太沙基公式：

$$J_B = (G-1)(1-n) \tag{2-17}$$

式中 G——土粒比重；

其余变量意义同前。

南京水利科学院建议将式(2-17)再乘上1.17的系数。

容许渗透坡降也要采用一定的安全系数，一般来说，对于黏性土，取1.5；对于非黏性土，取2.0~2.5。

3.3　防止发生渗透变形的措施

产生管涌和流土的条件，一方面取决于水力坡降的大小，另一方面又取决于土的组成。因此，防止渗透变形的工程措施，一方面是降低渗流坡降，从而减小渗流速度和渗流压力；另一方面是增强渗流逸出处土体抵抗渗透变形的能力。具体工程措施有：①在上游侧设置水平与垂直防渗体，延长渗径，降低渗透坡降或截阻渗流；②在下游侧设置排水沟或减压井，降低渗流出口处的渗流压力；③对可能发生管涌的地段，需铺设反滤层，拦截可能被涌流挟带的细粒；④对下游可能产生流土的地段，应加盖重，盖重下的保护层也必须按反滤原则铺设。

任务6　稳定分析

目标：(1)掌握不同类型土石坝失稳破坏的表现形式；
(2)掌握瑞典圆弧法进行土石坝稳定分析；
(3)掌握最小稳定安全系数的确定方法；
(4)掌握土石坝边坡稳定的判别方法。

执行过程：不同类型土石坝失稳破坏的表现形式→瑞典圆弧法进行土石坝稳定分析步骤→最小稳定安全系数的确定方法→土石坝坝坡稳定的判别→上游坝坡稳定计算实训→下游坝坡稳定计算实训。

要点：(1)不同类型土石坝的滑裂面型式；
(2)瑞典圆弧法进行土石坝稳定分析的方法与步骤。

提交成果：(1)设计报告1份；
(2)按比例绘制不同计算工况土石坝坝坡稳定计算图2~3张。

1　概述

土石坝是由散颗粒体堆筑而成，依靠土体颗粒之间的摩擦力来维持其整体性，为此必须采用比较平缓的边坡，因而形成肥大的断面，以致有足够的强度抵挡上游水压力。所以，土石坝的稳定性主要是指边坡稳定问题，如果土石坝的边坡稳定性能得到保证，则其整体稳定性也就能得到保证。

摩尔认为：土体的破坏，主要是剪切破坏，即：一旦土体内任一平面上的剪应力达到或超过了土体的抗剪强度时，土体就发生破坏。土石坝边坡稳定性就是边坡的抗剪强度问题。土石坝结构、土料和地基的性质以及工况条件等因素决定边坡的失稳形式。通常主要有滑坡、塑性流动和液化形式。其中滑坡主要有以下几种型式。

1.1　曲线滑裂面

曲线滑动的滑裂面是一个顶部稍陡而底部渐缓的曲面，多发生在黏性土坝坡中。在计算分析时，通常简化为一个圆弧面，见图2-16。

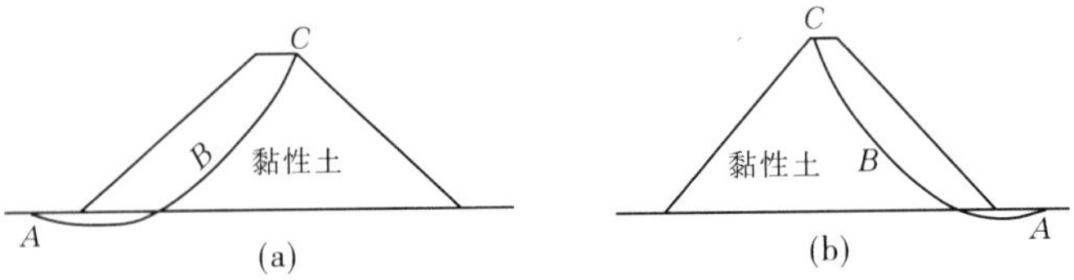

图 2-16　曲线滑动示意

1.2　直线和折线滑裂面

在均质的非黏性土边坡中，滑裂面一般为直线；当坝体的一部分淹没在水中时，滑裂面可能为折线。在不同土料的分界面，也可能发生直线或折线滑动，见图 2-17。

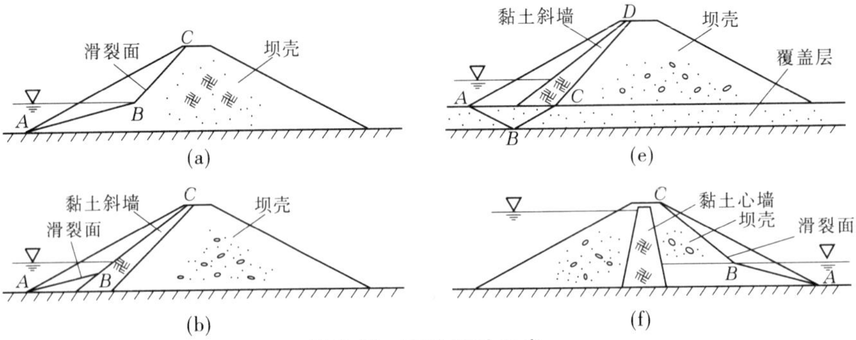

图 2-17　直线滑动示意

1.3　复式滑裂面

复式滑裂面是同时具有黏性土和非黏性土的土坝中常出现的滑动面型式。复式滑动面比较复杂，穿过黏性土的局部地段可能为曲线面，穿过非黏性土的局部地段则可能为平面或折线面，见图 2-18。在计算分析时，通常根据实际情况对滑动面的形状和位置进行适当的简化。

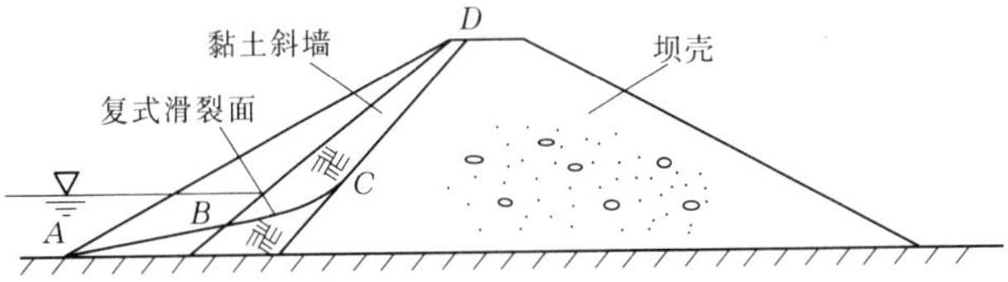

图 2-18　复式滑动示意

2　荷载及其组合和稳定安全系数的标准

2.1　荷载及其组合

2.1.1　基本荷载

土石坝的荷载主要包括自重、水压力、渗透力、孔隙压力、浪压力、地震惯性力等，大多数荷载的计算与重力坝相似。其中，土石坝主要考虑的荷载有：自重、渗透力、空隙压力等，分述如下。

2.1.1.1　自重

土坝坝体自重分三种情况来考虑，即：在浸润线以上的土体，按湿容重计算；在浸润线以下、下游水面线以上的土体，按饱和容重计算；在下游水位以下的土体，按浮容重计算。

2.1.1.2 渗透力

渗透力是在渗流场内作用于土体的体积力。沿渗流场内各点的渗流方向，单位土体所受的渗透力 $p=\gamma J$，其中 γ 为水的容重；J 为该点的渗透坡降。

2.1.1.3 孔隙压力

黏性土在外荷载的作用下产生压缩，由于土体内的空气和水一时来不及排出，外荷载便由土粒和空隙中的空气与水来共同承担。其中，由土粒骨架承担的应力称为有效应力 σ'，它在土体产生滑动时能产生摩擦力；由空隙中的水和空气承担的应力称为孔隙压力 u，它不能产生摩擦力。因此，孔隙压力是黏性土中经常存在的一种力。

土壤中的有效应力 σ' 为总应力 σ' 与孔隙压力 u 之差，因此土壤的有效抗剪强度为

$$\tau = C' + (\sigma - u)\tan\varphi' = C' + \sigma'\tan\varphi' \tag{2-18}$$

式中 φ'——内摩擦角(°)；

C'——凝聚力。

孔隙压力的存在使土的抗剪强度降低，从而使坝坡的稳定性也降低。因此，在土坝坝坡稳定分析时，应予以考虑。

孔隙压力的大小与土料性质、土料含水量、填筑速度、坝内各点荷载、排水条件等因素有关，且随时间而变化。因此，孔隙压力的计算一般比较复杂，且多为近似估计。具体计算可参考有关文献。

2.1.2 荷载组合

根据《碾压式土石坝设计规范》(SL 274—2001)，土石坝在施工、建设、蓄水和水库水位降落的各个时期的不同荷载作用下，应分别计算其稳定性。土石坝稳定分析的荷载组合主要有：

(1)正常工作条件：①水库上游水位处于正常蓄水位和设计洪水位与死水位之间的各种水位的稳定渗流期；②水库水位在上述范围内经常性的正常降落情况；③抽水蓄能电站水库水位的经常性变化和降落。

(2)非常运用情况：①施工期；②校核洪水位有可能形成稳定渗流的情况；③水库水位的非常降落，如自校核洪水位降落、降落至死水位以下、大流量快速泄空等。

2.2 土石坝坝坡稳定安全系数标准

根据《碾压式土石坝设计规范》(SL 274—2001)规定：对于均质坝、厚斜墙坝和厚心墙坝，宜采用计及条间作用的简化毕肖普法；对于有软弱夹层、薄斜墙坝的坝坡稳定分析及其他任何坝型，可采用满足力和力矩平衡的摩根斯顿－普赖斯等滑楔法。按简化毕肖普法计算时的容许最小抗滑稳定安全系数见表 2-16。

表 2-16 按简化毕肖普法计算时的容许最小抗滑稳定安全系数

运用条件	工程等级			
	1	2	3	4、5
正常运用	1.50	1.35	1.30	1.25
非常运用	1.30	1.25	1.20	1.15
正常运用+地震	1.20	1.15	1.15	1.10

《碾压式土石坝设计规范》(SL 274—2001)还规定:采用不计条间作用力的瑞典圆弧法计算坝坡抗滑稳定安全系数时,对1级坝正常运用条件最小安全系数应不小于1.30,对其他情况应比表2-16规定值减小8%。采用滑楔法进行稳定计算时,如假设滑楔之间作用力平行于坡面和滑底斜面的平均坡度,安全系数应满足表2-16中的规定;若假设滑楔之间作用力为水平方向,安全系数应比表2-16中的规定降低8%。

3　土石坝边坡稳定计算

目前所采用的土石坝坝坡稳定分析方法的理论基础是刚体极限平衡理论。所谓极限平衡状态,是指土体某一面上导致土体滑动的滑动力,刚好等于抵抗土体滑动的抗滑力。计算时,首先判断破坏面的型式,再选取可能的最危险的破坏面,求出最小的安全系数即为土坝的安全系数。

土石坝设计中目前最广泛的圆弧滑动静力计算方法有瑞典圆弧法和简化的毕肖普法。圆弧滑动面法基本原理:假定滑动面为圆柱面,将滑动面内土体看作刚体脱离体,土体绕滑动面的圆心转动即为边坡失稳。分析时在坝轴线方向取单位坝长1 m按平面问题研究。工程实践中常采用条分法,即将脱离体按一定的宽度分成若干铅直土条,分别计算各土条对圆心的抗滑力矩 M_r 和滑动力矩 M_s,再求和,最后即得该滑动面的安全系数 $K=\sum M_r/\sum M_s$。

3.1　不计条间作用力的瑞典圆弧法

瑞典圆弧法是不计条块间作用力的方法,计算简单,但理论上有缺陷,且当孔隙压力较大和地基软弱时误差较大。

现以渗流稳定期,用有效应力法计算为例分析如下。

(1)将土条编号。土条宽度常取滑弧半径 R 的1/10,即 $b=0.1R$。各块土条编号的顺序为:零号土条位于圆心之下,向上游(对下游坝坡而言)各土条的顺序为1,2,3,…,n,往下游的顺序为 −1,−2,…,−m,如图2-19所示。

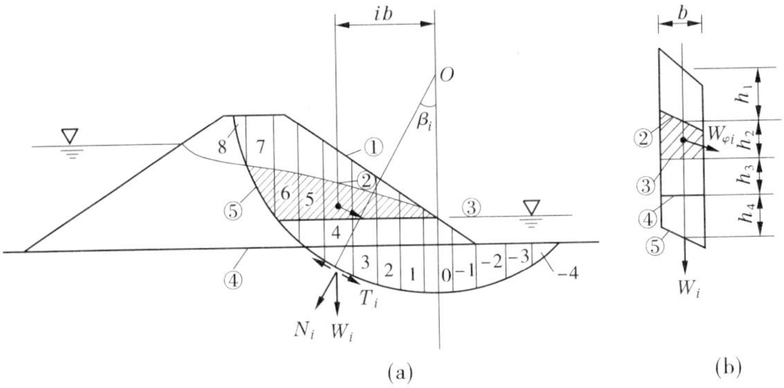

①—下游坝面;②—浸润线;③—下游水位;④—坝底基线;⑤—滑动弧线

图2-19　圆弧滑动计算简图

(2)计算土条的重量 W_i。由图2-19(b)所示,可求得 W_i 为

$$W_i=[\gamma_1 h_1+\gamma_3(h_2+h_3)+\gamma_4 h_4]b \tag{2-19}$$

式中　h_1、h_2、h_3、h_4——土条各分段的中线高度;

γ_1、γ_3、γ_4——坝体土的湿重度、浮重度和坝基土的浮重度。

(3)安全系数。计算公式为

$$K_C = \frac{\sum\{[(W_i \pm V)\cos\beta_i - ub\sec\beta_i - Q\sin\beta_i]\tan\varphi_i' + C_i' b\sec\beta_i\}}{\sum\left[(W_i \pm V)\sin\beta_i + \frac{M_C}{R}\right]} \tag{2-20}$$

式中 W_i——第 i 土条的自重；

Q、V——水平和垂直地震惯性力(向上为负,向下为正)；

u——作用于土条底面的孔隙水压力；

φ_i'、C_i'——土条底面的有效应力抗剪强度指标；

β_i——条块重力线与通过此条块底面中点的半径之间的夹角；

b——土条宽度；

M_C——水平地震惯性力对圆心的力矩；

R——圆弧半径。

如果两端土条的宽度 b' 不等于 b,可将其高度 b' 换算成宽度为 b 的高度 $h = b'h'/b$。

按总应力法计算时,式(2-20)中 φ_i'、C_i' 换成总应力强度指标 φ_i、C_i,同时令 $u = 0$。

《碾压式土石坝设计规范》(SL 274—2001)规定:土石坝各种工况,土体的抗剪强度均应采用有效应力法;黏性土施工期和黏性土库水位降落期,应同时采用总应力法。

3.2 简化的毕肖普法

毕肖普法是对瑞典圆弧法的改进。其基本原理是:考虑了土条水平方向的作用力,忽略了竖直方向的作用力(切向力,$X_i + \Delta X_i$ 与 X_i,即令 $X_i + \Delta X_i = X_i = 0$),如图 2-20 所示。由于忽略了竖直方向的作用力,因此称为简化的毕肖普法。

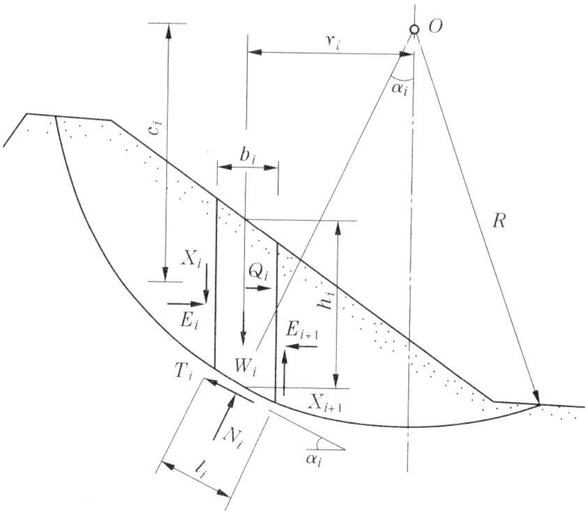

图 2-20 考虑条间作用力的毕肖普法土坝坝坡稳定计算示意

毕肖普法是目前土坝坝坡稳定分析中使用得较多的一种方法。毕肖普法的安全系数计算公式为

$$K_C = \frac{\sum \frac{\{[(W_i \pm V)\sec\alpha_i - ub\sec\alpha_i]\tan\varphi_i' + C_i' b\sec\alpha_i\}}{1 + \tan\alpha_i \tan(\varphi_i'/K_C)}}{\sum\left[(W_i \pm V)\sin\alpha_i + \frac{M_C}{R}\right]} \tag{2-21}$$

式中符号意义同前。

式(2-21)中,两端均含有 K_C,必须用试算法或迭代法求解。

3.3 最危险圆弧位置确定

圆弧法计算需要选定圆弧位置——圆心位置和圆弧半径,但很难确定最危险圆弧位置(对应最小安全系数),一般是在一定范围内搜索,经过多次计算才能找到最小安全系数。确定搜索范围有如下两种方法。

3.3.1 B. B 方捷耶夫法

B. B 方捷耶夫法认为最小安全数的滑弧圆心在扇形 *bcdf* 范围内,如图 2-21 所示。具体做法为:首先由下游坝坡中点 *a* 引出两条直线,一条是铅直线,另一条与坝坡线成 85°角,再以 *a* 点为圆心,以 $R_{内}$、$R_{外}$ 为半径($R_{内}$、$R_{外}$ 由表 2-17 查得)作两个圆弧,得到扇形 *bcdf*。

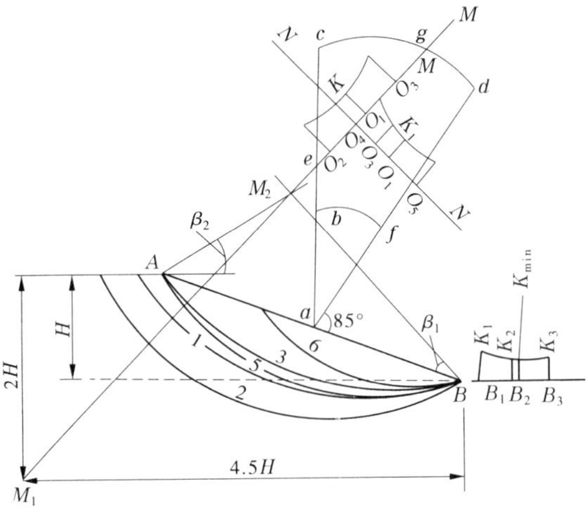

图 2-21　最危险圆弧求解

表 2-17　$R_{内}$、$R_{外}$ 值

坝坡		1:1	1:2	1:3	1:4	1:5	1:6
$\frac{R}{H}$	$R_{内}$	0.75	0.75	1.0	1.5	2.2	3.0
	$R_{外}$	1.50	1.75	2.30	3.75	4.80	5.50

3.3.2 费兰钮斯法

费兰钮斯法认为最小安全系数的滑弧圆心在直线 M_1M_2 的延长线附近。如图 2-21 所示,*H* 为坝高,定出距坝顶 2*H*、距坝趾 4.5*H* 的点 M_1;再由坝趾 *B* 和坝顶 *A* 引出 BM_2 和

AM_2，它们分别与下游坝坡及坝顶的夹角为β_1、β_2（取值见表2-18），由此定出交点M_2，并连接直线M_1M_2。

表2-18 β_1、β_2值

坝坡	1:1.5	1:2.0	1:3.0	1:4.0
β_1(°)	26	25	25	25
β_2(°)	35	35	35	36

以上两种方法，适用于均质坝，其他坝型也可参考。实际运用时，常将二者结合应用，即认为最危险的滑弧圆心在扇形中eg线附近，并按以下步骤计算最小安全系数：

（1）首先在eg线上假定几个圆心O_1、O_2、O_3等，从每个圆心作滑弧通过坝脚B点，按公式分别计算其K_C值。按比例将K_C值画在相应的圆心上，绘制K_C值的变化曲线，可找到该曲线上的最小K_C值，例如O_4点。

（2）再通过eg线上K_C最小的点O_4，作垂线NN。在NN线上取数点为圆心，画弧仍通过B点，求出NN线上最小的K_C值。一般认为该K_C值即为通过B点的最小安全系数，并按比例画在B点。有时为了更准确，还要通过NN线上K_C最小的点作垂线N_1N_1，求出N_1N_1线最小的K_C值。

（3）根据坝基土质情况，在坝坡上或坝脚外，再选数点B_1、B_2、B_3等，仿照上述方法，求出相应的最小安全系数K_{C1}、K_{C2}、K_{C3}等，并标注在相应点上，与B点的K_C连成曲线找到K_{Cmin}。一般至少要计算15个滑弧才能得到答案，现在常用计算机去解决。

任务7 地基处理

目标：（1）理解土石坝不同地基的特点；

（2）对不同厚度砂卵石地基选择正确的地基处理方法；

（3）掌握混凝土防渗墙、黏性土截水墙法地基处理方法；

（4）能合理选择坝基处理方法。

执行过程：土石坝不同地基的特点→土石坝不同地基处理方法→砂卵石地基选择→正确的地基处理方法→黏性土截水墙的构造→混凝土防渗墙的构造→地基处理实训。

要点：（1）不同地基的处理方法；

（2）混凝土防渗墙的构造；

（3）黏性土截水墙的构造。

提交成果：（1）设计报告1份；

（2）绘制土石坝地基防渗处理图1张。

土石坝建于天然地基上，但天然地基往往不能完全满足要求，如经常遇到深厚覆盖层地基、渗透性大、节理裂隙发育的岩层以及软弱夹层、断层破碎带等地质条件复杂的地基，

均需要进行处理，以保证工程运行安全。

根据土石坝地基条件，地基处理的目的大体可归纳为以下几个方面：①改善地基的剪切特性，防止剪切破坏，减少剪切变形，保证地基不发生滑动；②改善地基的压缩性能，减少不均匀沉降，以限制坝体裂缝的发生；③减少地基的透水性，降低扬压力和地下水位，使地基以至坝身不产生渗透变形，并把渗流流量控制在允许的范围内；④改善地基的动力特性，防止液化。

对所有土石坝的坝基，首先应完全清除表面的腐殖土，对可能形成集中渗流和可能发生滑动的表层土石，根据不同的地基情况采用不同的处理措施。

岩石地基的强度大，变形小，一般能满足土石坝的要求，其处理的目的主要是控制渗流，处理方法基本与重力坝相同。本节重点介绍非岩石地基的处理措施。

1 砂卵石地基处理

砂砾石具有足够的承载能力，压缩性不大，干湿变化对体积的影响也不大。但砂砾石地基的透水性很大，渗漏现象严重，而且可能发生管涌、流土等渗透变形。

因此，砂砾石地基的处理，主要是对地基的防渗处理，通常采取"上堵下排"的措施，"上堵"包括水平和铅直防渗措施，"下排"主要是排水减压。

1.1 垂直防渗设施

垂直防渗是解决坝基渗流问题效果最好的措施。垂直防渗的效果，相当于水平防渗效果的 3 倍。因此，在土石坝的防渗措施中，应优先选择垂直防渗措施。

垂直防渗措施主要有黏性土截水槽、混凝土防渗墙、灌浆帷幕、板桩等。

1.1.1 黏性土截水槽

当覆盖层深度在 15 m 以内时，可开挖深槽直达不透水层或基岩，槽内回填黏性土而成截水槽（也称截水槽），心墙坝、斜墙坝常将防渗体向下延伸至不透水层而成截水槽，如图 2-22(a)、(b)所示。

截水槽底宽常根据回填土料的允许渗透坡降与基岩接触面抗渗流冲刷的允许坡降以及施工条件（要求 L 不小于 3 m）确定。

$$L \geqslant \frac{\Delta H}{[J_c]} \tag{2-22}$$

式中 ΔH——运行期最大水头；

$[J_c]$——回填土料的容许渗透坡降，一般砂壤土 $[J_c]=3$，壤土 $[J_c]=3\sim5$，黏土 $[J_c]=5\sim10$。

截水槽的土料应与其上部的心墙或斜墙一致。均质土坝截水槽所用土料应与坝体相同，其截水槽的位置宜设于距上游坝脚 1/3～1/2 坝底宽处。

截水槽底部与不透水层的接触面是防渗的薄弱环节。若不透水层为岩基，为了防止因槽底部接触面发生集中渗流而造成冲刷破坏，可在岩基建混凝土或钢筋混泥土齿墙；若岩石破碎，应在齿墙下进行帷幕灌浆，如图 2-22(c)所示。截水槽回填时，应在齿墙表面和齿墙岩面抹黏土浆。对于中小型工程，也可在截水槽底部基岩上挖一条齿槽，以加长接触面的渗径，加强截水槽与基岩的连接。若不透水层为土层，则将截水槽底部嵌入不透水

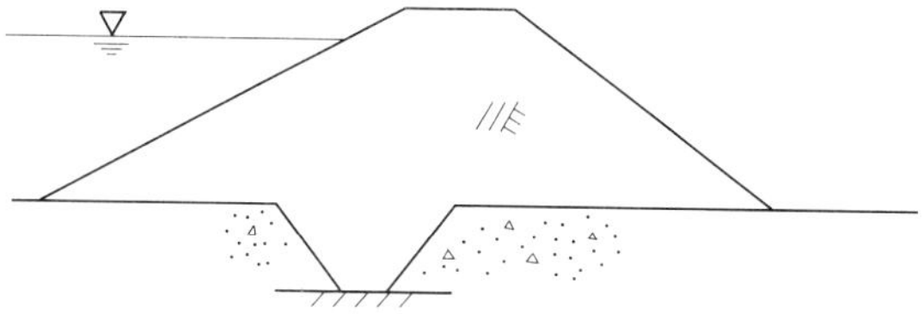

(a)均质坝的截水槽

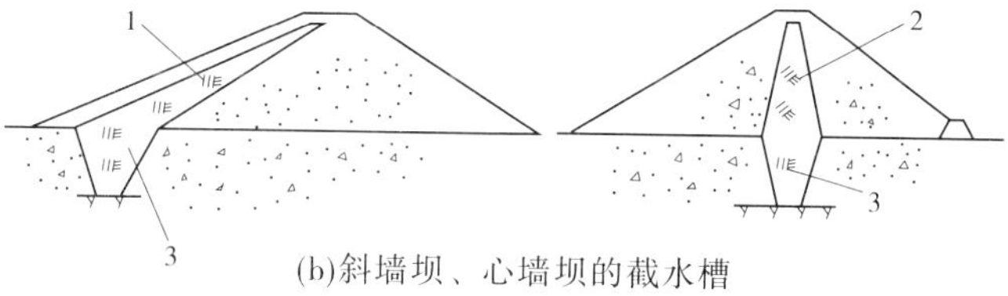

(b)斜墙坝、心墙坝的截水槽

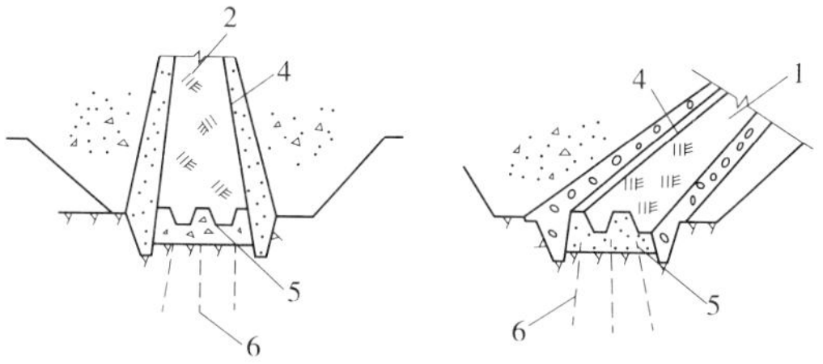

(c)截水槽与地基的连接

1—黏土斜墙;2—黏土心墙;3—截水槽;4—过渡层;5—垫座;6—固结灌浆

图 2-22 黏性土截水槽

层0.5~1.0 m。

截水槽结构简单、工作可靠、防渗效果好,得到了广泛的应用。缺点是槽身挖填和坝体填筑不便同时进行,若汛前要达到一定的坝高拦洪度汛,工期较紧。

1.1.2 混凝土防渗墙

用钻机或其他设备在土层中造成圆孔或槽孔,在孔中浇筑混凝土,最后连成一片,成为整体的混凝土防渗墙,适用于地基渗水砂砾石层深度在80 m以内的情况(见图2-23)。

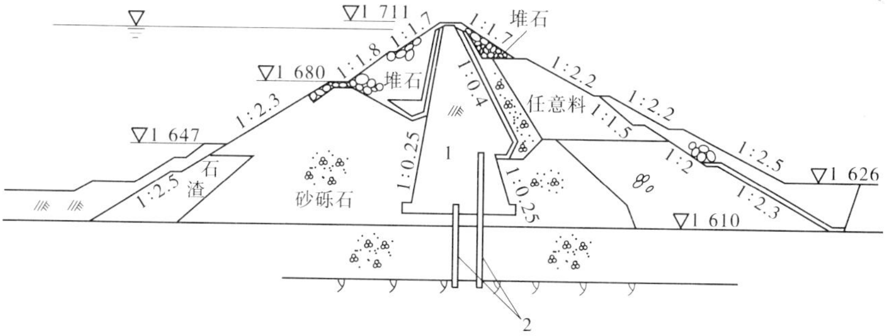

1—黏土心墙;2—混凝土防渗墙

图 2-23 碧口土石坝防渗墙

防渗墙厚度根据防渗和强度要求确定。按施工条件可在0.6~1.3 m选用(一般为0.8 m),因受钻孔机具的限制,墙厚不能超过1.3 m。混凝土防渗墙的允许坡降一般为

80～100，混凝土强度等级为C10，抗渗等级为P_6～P_8，坍落度为8～20 cm，水泥用量每立方米为300 kg左右。墙底应嵌入半风化岩内0.5～1.0 m，顶端插入防渗体，插入深度宜为坝高的1/10；高坝可以降低，或根据渗流计算确定；低坝应不小于2 m。

从20世纪60年代起，混凝土防渗墙得到了广泛的应用，我国积累了不少施工经验，并发展了反循环回转新型冲击钻机、液压抓斗挖槽等技术，在砂卵石层中纯钻工效较高，进入国际先进行列。黄河小浪底工程，尝试采用70 m的双排防渗墙，单排墙厚1.2 m。

1.1.3 灌浆帷幕

当砂卵石层很厚，用上述三种方法都较困难或不够经济时，可采用灌浆帷幕防渗。灌浆帷幕的施工方法是：先用旋转式钻机造孔，同时用泥浆固壁，钻完孔后在孔中注入填料，插入带孔的钢管，如图2-24所示。待填料凝固后，在带孔的钢管中置入双塞灌浆器，用一定压力将水泥浆或水泥黏土浆压入透水层的孔隙中。压浆可自下而上分段进行，分段可根据透水层性质采用0.33～0.5 m不等。待浆液凝固后，就形成了防渗帷幕，如图2-25所示。

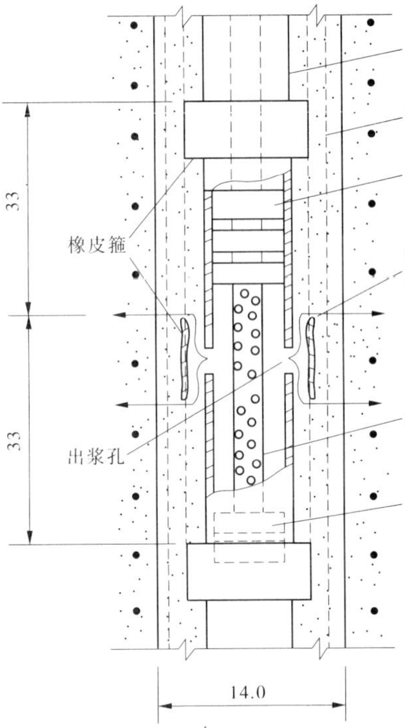

图2-24 灌浆管结构示意（单位：cm）

砂卵石地基的可灌性，可根据地基的渗透系数、可灌比值M及小于0.1 mm颗粒含量等因素来评判。

可灌比$M = D_{15}/d_{85}$，其中D_{15}为某一粒径，在被灌土层中小于此粒径的土重占总土重的15%；d_{85}是另一粒径，在灌浆材料中小于此粒径的重量占总土重的85%。

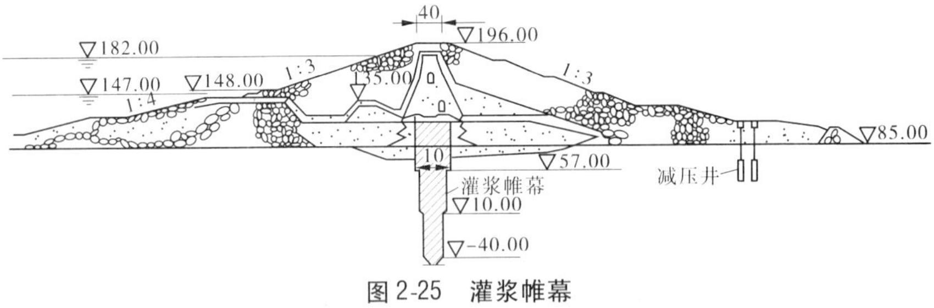

图2-25 灌浆帷幕

一般认为，地基中小于0.1 mm的颗粒含量不超过5%，或渗透系数$k>10^{-2}$ cm/s或$M>10$，可灌水泥黏土浆，当渗透系数$k>10^{-1}$ cm/s或$M>15$时，可灌水泥浆。

灌浆帷幕的厚度T，根据帷幕最大设计水头H和允许水力坡降$[J]$，按下式估算：

$$T = \frac{H}{[J]} \tag{2-23}$$

对一般水泥黏土浆，$[J]=3$～4。

帷幕的底部嵌入相对不透水层宜不小于5 m,若相对不透水层较深,可根据渗流分析,并结合类似工程研究确定。

多排帷幕灌浆的孔、排距应通过灌浆试验确定,初步可选用2~3 m,排数可根据帷幕厚度确定。

灌浆帷幕的优点是灌浆深度大,这种方法的主要问题是对地基的适应性较差,有的地基如粉砂、细砂地基,不易灌进,而透水性太大的地基又往往耗浆量太大。

我国在密云水库白河主坝,上马岭和毛家村土石坝的砂砾石地基中采用了水泥黏土灌浆帷幕,灌浆深度达40 m;法国谢尔蓬松坝高129 m,砂砾石冲积层地基,1957年建成灌浆帷幕,深约110 m,顶部厚度35 m,底部厚度15 m,钻孔19排,中间四排直达基岩,边孔深度逐渐变浅,渗透坡降3.5~8。目前,在砂砾石层中最深的水泥黏土灌浆帷幕已经达170 m。

1.2 水平防渗设施——防渗铺盖

防渗铺盖是由黏性土做成的水平防渗设施,是斜墙、心墙或均质坝体向上游延伸的部分。当采用垂直防渗有困难或不经济时,可考虑采用铺盖防渗。防渗铺盖构造简单,造价一般不高,但它不能完全截断渗流,只是通过延长渗径的办法,降低渗透坡降,减小渗透流量,所以对解决渗流控制问题有一定的局限性,其布置形式如图2-26所示。

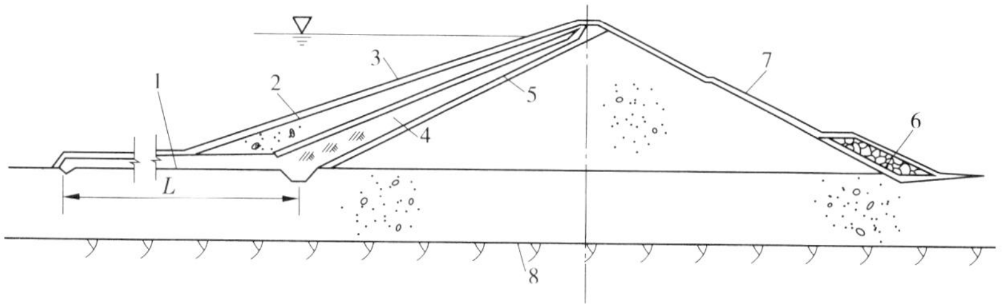

1—防渗铺盖;2—保护层;3—护坡;4—黏土斜墙;5—反滤层;
6—排水体;7—草皮护坡;8—基岩

图2-26 防渗铺盖示意

铺盖常用黏土或砂质黏土材料,渗透系数应小于砂砾石层渗透系数的1/100。铺盖长度一般为4~6倍水头,铺盖厚度主要取决于各点顶部和底部所受的水头差ΔH_x和土料的允许坡降$[J]$,即距上游端为x处的厚度应不小于$S_x=\Delta H_x/[J]$,$[J]$值对于黏土可取5~10,对壤土可取3~5。上游端部厚度不小于0.5 m,与斜墙连接处常达3~5 m。铺盖表面应设保护层,铺盖与砂砾石地基之间应根据需要设置反滤层或垫层。

巴基斯坦塔贝拉土坝坝高147 m,坝基砂砾石层厚度约200 m,采用了厚1.5~10 m,长2 307 m的铺盖,是目前世界上最长的铺盖。

1.3 排水减压措施

常用的排水减压设施有排水沟和排水减压井。

排水沟在坝趾稍下游平行坝轴线设置,沟底深入到透水的砂砾石层内,沟顶略高于地面,以防止周围表土的冲淤。按其构造,可分为明沟和暗管两种,如图2-27、图2-28所示。

两者都应沿渗流方向按反滤层布置,明沟沟底与下游的河道连接。

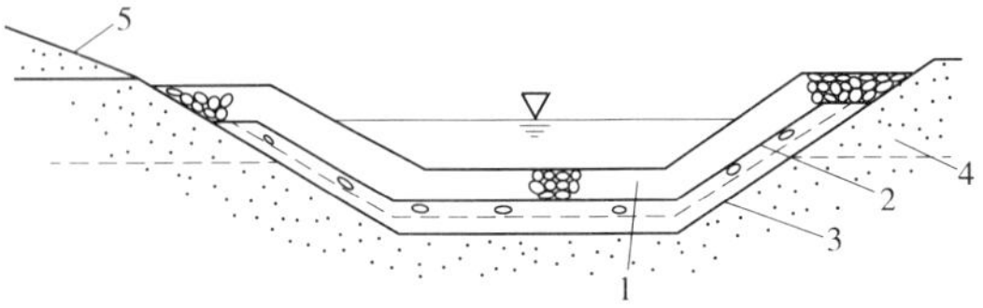

1—干砌石;2—碎石;3—粗砂;4—坝坡;5—砂砾石层

图 2-27 排水减压沟

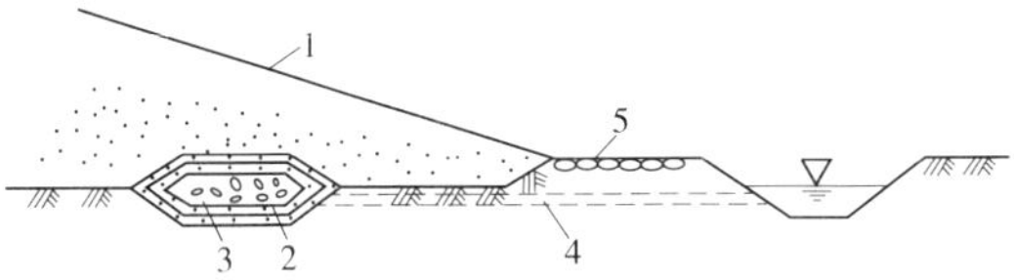

1—坝体;2—反滤层;3—坝身排水;4—暗沟;5—堆石盖重

图 2-28 排水暗管

将深层承压水导出水面,然后从排水沟中排出,其构造如图 2-29 所示。在钻孔中插入带有孔眼的井管,周围包以反滤料,管的直径一般为 20 ~ 30 cm,井距一般为 20 ~ 30 m。

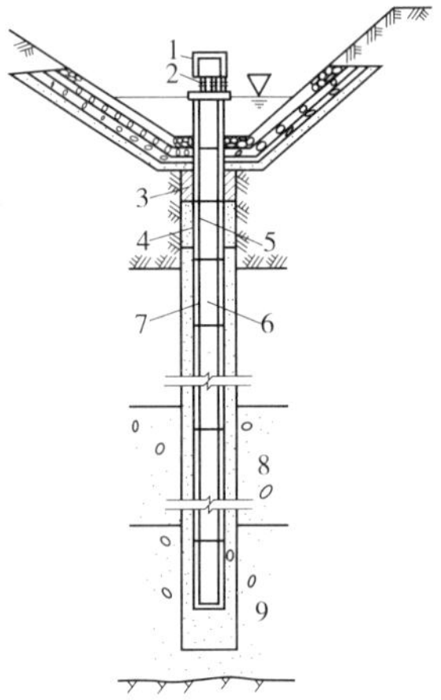

1—井帽;2—钢丝出水口;3—回填混凝土;4—回填砂;5—上升管;6—穿孔管;7—反滤层;8—砂砾石;9—砂卵石

图 2-29 排水减压井

2 细砂地基处理

细砂地基,特别是饱和的细砂地基,在动力作用下容易产生液化现象,因此应加以处理。对厚度不大的细砂地基,一般采用挖除的办法。当厚度较大时,可首先考虑采取人工加密措施,使之达到与设计地震烈度相适应的密实状态,然后采取加盖重、加强排水等附加防护设施。

在易液化土层的人工加密措施中,对浅层土可以进行表面振动加密,对深层土则以振冲、强夯等方法较为经济和有效。

3 软黏土和湿陷性黄土地基处理

当软黏土层较薄时,一般全部挖除。当软黏土层较厚时,一般采用换砂法或排水砂井法。

对黄土地基,一般的处理方法有:预先浸水,使其湿陷加固;将表层土挖除,换土压实;夯实表层土,破坏黄土的天然结构,使其密实等。

4 土石坝与坝基、岸坡及其他建筑物的连接

土石坝与坝基、岸坡及混凝土建筑物的连接是土石坝处理的关键部位:①接触面都是防渗的薄弱部位,必须妥善处理,使其结合紧密,避免产生集中渗流;②保证坝体与河床及

岸坡结合面的质量,不使其形成影响坝体稳定的软弱层面;③不致因岸坡形状或坡度不当引起坝体不均匀沉降而产生裂缝。

4.1 坝体与土质地基及岸坡的连接

坝体与土质地基及岸坡的连接必须做到:

(1)坝断面范围必须清除坝体与地基、岸坡上的草皮、树根、含有植物的表土、蛮石、垃圾及其他废料,并将清理后的地基表面土层压实。

(2)坝体断面范围内的低强度、高压缩性软土及地震时易液化的土层应清除或处理。

(3)土质防渗体应坐落在相对不透水土基上,或经过防渗处理的坝基上。

(4)坝基覆盖层与下游坝壳粗粒料(如堆石等)接触处,应符合反滤要求;如不符合,应设置反滤层。

心墙和斜墙在与两端岸坡连接处应扩大其断面,以加强连接处防渗的可靠性。扩大断面与正常断面之间应以渐变的形式过渡,并且岸坡应大致平顺,不应成台阶状、反坡或突然变坡,岸上缓下陡时,变坡角应小于20°,岸坡不宜陡于1:1.5。

4.2 坝体与岩石地基及岸坡的连接

坝体与岩石地基及岸坡的连接必须做到:

(1)坝断面范围内的岩石坝基与岸坡,应清除表面松动石块、凹处积土和突出的岩石。

(2)土质防渗体和反滤层宜与坚硬、不冲蚀和可灌浆的岩石连接。若风化层较深,高坝宜开挖到弱风化层上部,中、低坝可开挖到强风化层下部,在开挖的基础上对基岩再进行灌浆处理。在开挖完毕后,宜用水枪冲洗干净,对断面、张开节理裂隙应逐条开挖清理,并用混凝土或砂浆封堵。坝基岩面上宜设混凝土盖板、喷混凝土或水泥砂浆。

(3)对失水时很快风化变质的软岩石(如叶岩、泥岩等),开挖时应预留保护层,待开始回填时,随挖除、随回填,或在开挖后喷砂浆或混凝土保护。

(4)土质防渗体与岩石或混凝土建筑物相接处,如防渗土料为细粒黏性土,则在邻近接触面0.5~1.0 m内,应控制在高于最优含水量不大于3%的情况下填筑,在填土前用黏土浆抹面。如防渗土料为砾石土,临近接触面应采用纯黏性土或砾石含量少的黏性土,在略高于最优含水量下填筑,使其结合良好并适应不均匀沉陷。

岩石岸坡一般不陡于1:0.5,陡于此坡度应有专门论证,并采取必要措施,如做好结合面处的湿黏土回填,加强结合面下游的反滤层等。岩石岸坡的其他要求与土质岸坡相同。

在高坝防渗体底部混凝土盖板以下的基岩中,宜进行浅层铺盖式灌浆,以改善接触条件;在与防渗体接触的覆盖层中,也宜进行浅层铺盖式灌浆。

项目3　溢洪道设计

项目任务书

项目名称	溢洪道设计	参考课时	10
学习型工作任务	任务1　溢洪道布置		2
	任务2　溢洪道水力设计		6
	任务3　溢洪道细部构造		2
项目任务	让学生学会设计溢洪道，识读绘制溢洪道设计图		
教学内容	(1)溢洪道布置；(2)溢洪道尺寸确定；(3)水力设计；(4)细部设计		
教学目标 知识	(1)熟悉溢洪道布置的方法；(2)掌握溢洪道尺寸确定的方法；(3)掌握溢洪道水力设计的方法；(4)合理设计溢洪道细部构造		
教学目标 技能	(1)会设计溢洪道；(2)会绘制溢洪道设计图		
教学目标 态度	(1)具有刻苦学习精神；(2)具有吃苦耐劳精神；(3)具有敬业精神；(4)具有团队协作精神；(5)诚实守信		
教学实施	对某土石坝水利工程实地考察参观，然后进行溢洪道设计		
项目成果	(1)溢洪道设计计算书；(2)溢洪道设计说明书；(3)溢洪道设计图		
技术规范	《溢洪道设计规范》(SL 253—2000)		

任务1　溢洪道布置

目标：(1)掌握溢洪道布置的方法并能合理定出溢洪道轴线；
(2)掌握溢洪道进水渠布置与尺寸；
(3)会确定溢洪道控制段位置；
(4)能拟定溢洪道控制段净宽并合理分孔；
(5)掌握泄槽尺寸的确定；
(6)掌握消能防冲形式选择及尺寸确定；
(7)掌握出水渠尺寸确定。

执行过程：资料及坝址地形图分析→选择溢洪道的类型→溢洪道进出口布置与轴线的确定→确定溢洪道控制段布置→堰型选择→控制段尺寸确定→泄槽段

布置及尺寸拟定→进水渠布置→扩散消能段布置与尺寸拟定→布置实训。

要点:(1)溢洪道选线考虑因素;

(2)本设计溢洪道线路选择;

(3)溢洪道各部分布置的方法;

(4)溢洪道各部分布置与轮廓尺寸确定方法。

提交成果:(1)绘制溢洪道轴线图1张;

(2)设计报告1份;

(3)绘制溢洪布置图1张。

1 溢洪道位置选择

河岸溢洪道(见图3-1)在枢纽中的位置,应根据地形、地质、工程特点、枢纽布置的要求、施工及运行条件、经济指标等综合因素进行考虑。

图3-1 溢洪道

溢洪道的布置应结合枢纽总体布置全面考虑,避免与泄洪、发电、航运及灌溉等建筑物在布置上相互干扰。

(1)地形条件。溢洪道应位于路线短和土石方开挖量少的地方。比如坝址附近有高程合适的马鞍形垭口,则往往是布置溢洪道较理想之处。拦河坝两岸顺河谷方向的缓坡台地上也适于布置溢洪道。要尽量避免深开挖而形成高边坡,以免造成边坡失稳或处理困难。

(2)地质条件。溢洪道应尽量位于较坚硬的岩基上。当然土基上也能建造溢洪道,但要注意,位于好岩基上的溢洪道可以减轻工程量,甚至不衬砌;而土基上的溢洪道,尽管开挖较岩基为易,而衬砌及消能防冲工程量可能大得多。此外,无论如何应避免在可能坍滑的地带修建溢洪道。

(3)泄洪时的水流条件。溢洪道轴线一般宜取直线,如需转弯,应尽量在进水渠或出水渠段内设置弯道,且溢洪道泄水时对枢纽其他建筑物无不利影响。通常应注意以下几个方面:①控制堰上游应开阔,使堰前水头损失小;②控制堰如靠近土石坝,其进水方向应不致冲刷坝的上游坡;③泄水陡槽在平面上最好不设弯段;④泄槽末端的消能段应远离坝脚,以免造成坝身的冲刷;⑤出口水流应与下游河道平顺连接,避免下泄水流对坝址下游河床和河岸的淘刷、冲刷及河道的淤积,保证枢纽中的其他建筑物正常运行;⑥水利枢纽中如尚有水力发电、航运等建筑物时，应尽量使溢洪道泄水时不造成电站水头的波动，不影响过船筏的安全。

(4)施工条件。使溢洪道的开挖土、石方量具有好的经济效益，如将其用于填筑土石坝的坝体；在施工布置时，应仔细考虑出渣路线及弃渣场的合理安排。此外，还要解决与相邻建筑物的施工干扰问题。

2　溢洪道的组成及各部分的布置

正槽溢洪道通常由进水渠、控制段、泄槽、出口消能段及出水渠五个部分组成，如图 3-2所示。其中，控制段、泄槽及出口消能段是溢洪道的主体，是每个溢洪道工程不可缺少的。进水渠和出水渠则是主体部分同上游水库及下游河道的连接段，这两个组成部分是否需要设置，视主体部分与上、下游的连接情况而定。

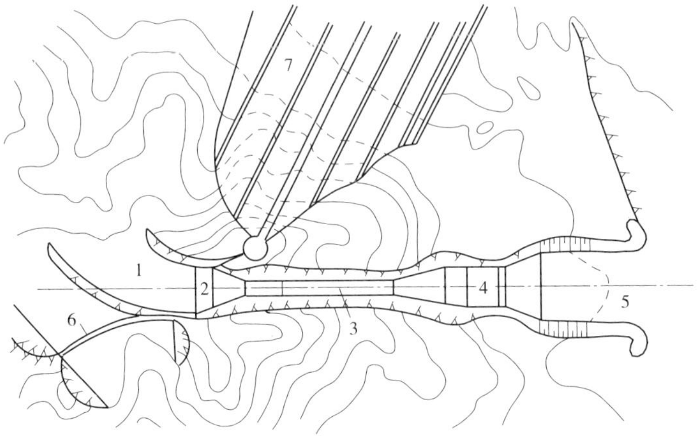

1—进水渠；2—溢流堰；3—泄槽；4—出口消能段；5—出水渠；6—非常溢洪道；7—土石坝

图 3-2　正槽溢洪道平面布置

溢洪道的布置应根据地形、地质、工程特点、枢纽布置、坝型、施工及运用条件、经济指标等因素进行全面考虑。

2.1　进水渠

进水渠的作用是将水库的水平顺地引至溢流堰前。由于地形、地质条件限制，溢流堰往往不能紧靠库岸，需在溢流堰前开挖进水渠，将库水平顺地引向溢流堰，当溢流堰紧靠库岸或坝肩时，此段只是一个喇叭口，如图 3-3 所示。

2.1.1　平面布置

进水渠布置时应尽量短而直，其轴线方向应有利于进水，在平面上最好布置成直线，以减小水头损失。如需设置弯道，其轴线的转弯半径一般为 4 ~ 6 倍渠底宽度。弯道至控制堰之间宜设置直线段，其长度不小于 2 倍堰上水头。

2.1.2　横断面

引水渠的横断面应有足够大的尺寸，以降低流速，减小水头损失。渠道中的流速应大于悬移质不淤流速，小于渠道中不冲流速，且不宜大于 4 m/s，如因条件限制，流速超过此值，应进行论证。例如，碧口水电站的岸边溢洪道，经技术经济比较，其进水渠的水流流

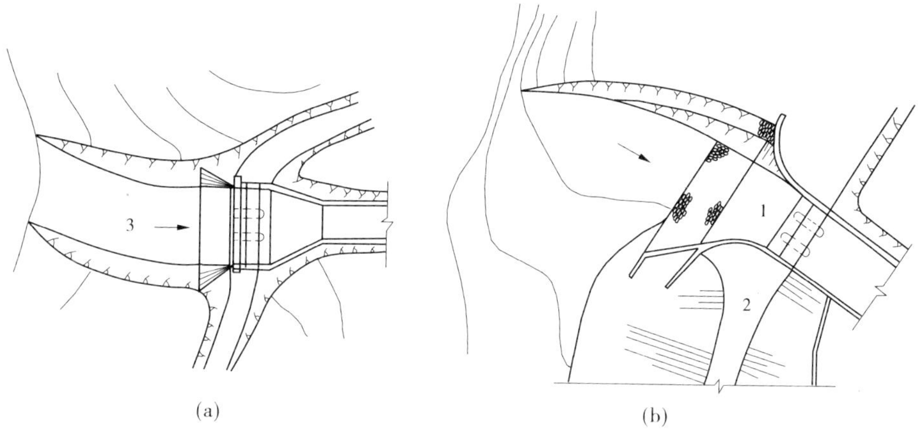

1—喇叭口;2—土石坝;3—进水渠

图3-3 溢洪道进水渠的型式

速,在设计情况下选用了5.8 m/s。

进水渠的横断面,在岩基上接近矩形,边坡根据岩层条件确定,新鲜岩石一般为1:0.1~1:0.3,风化岩石为1:0.5~1:1.0;在土基上采用梯形,边坡根据土坡稳定要求确定,一般选用1:1.5~1:2.5。

2.1.3 纵断面

进水渠纵断面应做成平底坡或具有不大的逆坡。渠底高程要比堰顶高程低些,因为在一定的堰顶水头下,行近水深大,流量系数也较大,泄放相同流量所需的堰顶长度要短。因此,在满足水流条件和渠底容许流速的限度内,如何确定进水渠的水深和宽度,需要经过方案比较后确定。将进水渠断面尺寸拟订计算成果填入表3-1。

表3-1 进水渠断面尺寸拟订计算

水位(m)		流量 Q(m^3/s)	水深 H(m)	底宽 B(m)	计算公式(假设 v)
设计工况					$Q=vA$
校核工况					

2.2 控制段

控制段的主要作用是控制溢洪道的泄流能力,它由溢流堰及其两侧的连接建筑组成。

2.2.1 溢流堰的型式

溢流堰应根据地形、地质条件、运用要求,通过技术经济比较选定。通常选用开敞式或带胸墙孔口式的宽顶堰($2.5H<\delta<10H$,H 为堰顶水头)、实用堰($0.67H<\delta<2.5H$)、驼峰堰、折线形堰。开敞式溢流堰具有较大的超泄能力,宜优先选用。

2.2.1.1 宽顶堰

宽顶堰堰矮,荷载小,对承载力较差的土基适应能力强,但流量系数较低(为0.32~0.385)。因此,在泄流不大或附近地形较平缓的中小型工程中,应用广泛,如图3-4所示。宽顶堰的堰顶通常需进行砌护。对于中小型工程,尤其是小型工程,若岩基有足够的抗冲刷能力,也可以不加砌护,但应考虑开挖后岩石表面不平整对流量系数的影响。

2.2.1.2　实用堰

大中型水库,特别是岸坡较陡时,多采用此种型式,如图 3-5 所示。实用堰的断面型式很多,在溢洪道设计规范中建议优先选择 WES 型堰。为了使溢流堰具有较大的流量系数,在设计和施工中,堰高、堰面坐标、堰面曲线长度和下游堰坡均需满足规定要求,否则,将影响流量系数或使堰面压强降低,有产生空蚀的危险。当采用低实用堰时,上游堰高 $P_1 \geq 0.3H_d$,下游堰高 $P_2 \geq 0.6H_d$,下游堰面坡度宜陡于 1∶1。

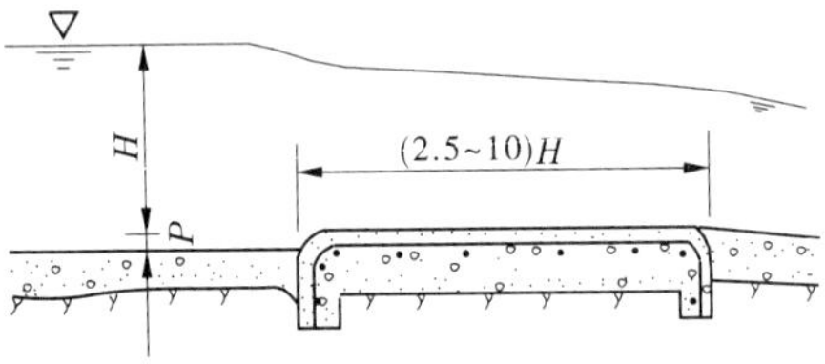

图 3-4　宽顶堰

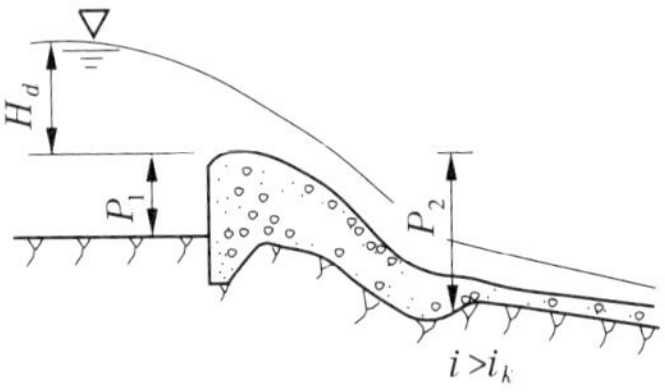

图 3-5　实用堰

对于低堰,因下游堰面水深较大,堰面一般不会出现过大的负压,不致发生破坏性空蚀和振动。因此,在设计低堰时,可选择较小的定型设计水头 H_d,使高水位时的流量系数加大,建议采用(0.65~0.85)倍的堰顶最大水头。

2.2.1.3　驼峰堰

驼峰堰是一种复合圆弧的低堰,一般由 2~3 段圆弧组成,是我国从工程实践中总结出来的一种新堰型,如图 3-6 所示。驼峰堰的堰体低,堰高一般小于 3 m,流量系数较大,一般为 0.40~0.46,但流量系数随堰上水头增加而有所减小。设计与施工简便,对地基要求低,适用于软弱地基。

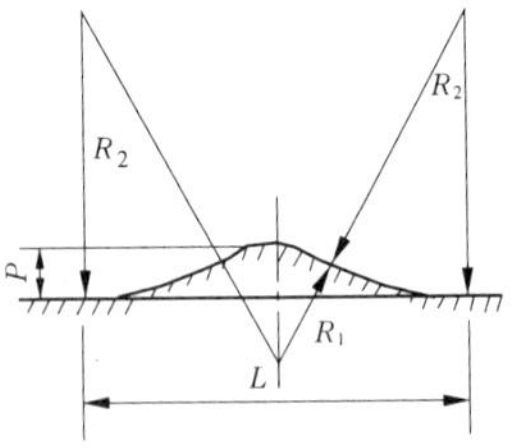

a 型:$P_1 = 0.24H_d$,$R_1 = 2.5P_1$,$R_2 = 6P_1$,$L = 8P_1$;b 型:$P_1 = 0.34H_d$,$R_1 = 1.05P_1$,$R_2 = 4P_1$,$L = 6P_1$

图 3-6　驼峰堰

中小型水库溢洪道,特别是小型水库溢洪道道常不设闸门,堰顶高程就是水库的正常蓄水位;溢洪道设闸门时,堰顶高程低于水库的正常蓄水位。堰顶是否设置闸门,应从工程安全、洪水调度、水库运行、工程投资等方面论证确定。侧槽式溢洪道的溢流堰一般不设闸门。

当水库水位变幅较大时,常采用带胸墙的溢流堰。这种布置型式,堰顶高程比开敞式的要低,在库水位较低时即可泄流,因而有利于提高水库的汛期限制水位,充分发挥水库效益;此外,还可以减小闸门尺寸。但在高水位时,超泄能力不如开敞式溢流堰大。

2.2.2　溢流孔口尺寸的拟定

溢洪道的溢流孔口尺寸,主要由溢流堰堰顶高程和溢流前沿宽度确定。但由于溢洪道出口一般离坝脚较远,其单宽流量可以选取大一些。闸墩的型式和尺寸应满足闸门(包括门槽)、交通桥和工作桥的布置、水流条件、结构及运行检修等的要求。当有防洪抢险要求时,交通桥与工作桥必须分开设置,桥下净空应满足泄洪、排凌及排漂要求。

2.2.2.1 不设闸门的宽顶堰

堰顶高程为水库的正常蓄水位,堰厚为 $2.5H<\delta<10H_0$,溢流前沿宽度为

$$Q = \varepsilon mB\sqrt{2g}H_0^{3/2} \tag{3-1}$$

式中 H_0——包括行近流速水头的堰上水头,m;

B——溢流前沿宽度,m;

m——流量系数,平底板宽顶堰,$m=0.385$;

ε——闸墩侧收缩系数;

Q——流量,m^3/s。

式(3-1)适用于非淹没出流工。溢洪道的前沿宽度由式(3-1)分别按设计、校核工况计算控制段净宽,计算结果见表3-2。

表3-2 控制段尺寸计算表(忽略行近水头)

水位(m)	流量(m^3/s)	堰上水头(m)	孔口净宽 B(m)
设计洪水位			
校核洪水位			

2.2.2.2 带有闸门的宽顶堰

先确定单宽流量。单宽流量一经选定,就可以初步确定溢流堰的净宽和堰顶高程。单宽流量越大,下游局部冲刷会越严重,但溢洪道溢流前缘短,对枢纽布置有利。因此,一个经济而又安全的单宽流量,必须综合地质条件、下游河道水深、枢纽布置和消能工设计多种因素,通过技术经济比较后选定。工程实践证明,对于软弱岩石常取 $q=20\sim50$ $m^3/(s\cdot m)$;中等坚硬的岩石取 $q=50\sim100$ $m^3/(s\cdot m)$;特别坚硬的岩石 $q=100\sim150$ $m^3/(s\cdot m)$;地质条件好、下游尾水较深和消能效果好的工程,可以选取更大的单宽流量。

其次,初步确定溢流坝段的净宽,最后确定溢洪道控制段的底板高程。

2.2.2.3 带有胸墙孔口式平底板宽顶堰

带有胸墙孔口式平底板宽顶堰的泄流能力为

$$Q = \mu A\sqrt{2g(H_0-D)} \tag{3-2}$$

式中 Q——流量,m^3/s;

A——孔口面积,m^2;

H_0——包括行近流速水头的堰上水头,m;

D——孔口高度,m;

μ——自由出流时的流量系数,取0.6~0.8。

控制段的闸墩、岸墙的顶部高程,在宣泄校核洪水时不应低于校核洪水位加安全超高值;挡水时应不低于设计洪水位或正常蓄水位加波浪的计算高度和安全超高值。波浪的计算高度取平均波高加上波浪中心线与设计水位的高差。安全超高的下限值见表3-3。平原地区水库波高按莆田试验站公式计算,内陆峡谷水库平均波高按官厅水库公式计算。

表 3-3　安全超高下限值

运用情况	控制段建筑物级别		
	1	2	3
挡水	0.7	0.5	0.4
泄洪	0.5	0.4	0.3

2.3　泄槽

正槽溢洪道在溢流堰后多用泄水陡槽与出口消能段相连接，以便将过堰洪水安全地泄向下游河道。泄槽一般位于挖方地段，设计时要根据地形、地质、水流条件及经济等因素合理确定其型式和尺寸。

2.3.1　泄槽的平面布置

泄槽在平面上宜尽量成直线、等宽、对称布置，使水流平顺，避免产生冲击波等不良现象。但实际工程中受地形、地质条件的限制，有时泄槽很长，为减少开挖、衬砌工程量或避免地址软弱带等，往往做成带收缩段和弯曲段的型式。

2.3.1.1　收缩段

泄槽段水流属于急流，如必须设置收缩段，其收缩角也不宜太大。当收缩角太大时，必须进行冲击波计算，并应通过水工模型试验验证。收缩段最大冲击波波高由总偏转角大小决定，而与边墙偏转过程无关。因此，为了减小冲击波高度，采用直线形收缩段比圆弧形收缩段要好。

当收缩角较小时，冲击波较小，不一定要进行冲击波计算，可直接采用经验公式计算收缩角。泄槽边墙收缩角 θ 可按如下经验公式确定：

$$\tan\theta = \frac{1}{KF_{\gamma}} = \frac{\sqrt{gh}}{Kv} \tag{3-3}$$

式中　θ——收缩段边墙与泄槽中心线夹角，(°)；

F_{γ}——收缩段首、末断面的平均弗劳德数；

h——收缩段首、末断面的平均水深，m；

v——收缩段首、末断面的平均流速，m/s；

K——经验系数，可取 $K=3.0$。

工程经验和试验资料表明，收缩角在6°以下具有较好的水流状态。

如图 3-7 所示的渐变槽式收缩段，其水平方向长度为 $L=\dfrac{B-b}{2\tan\theta}$。

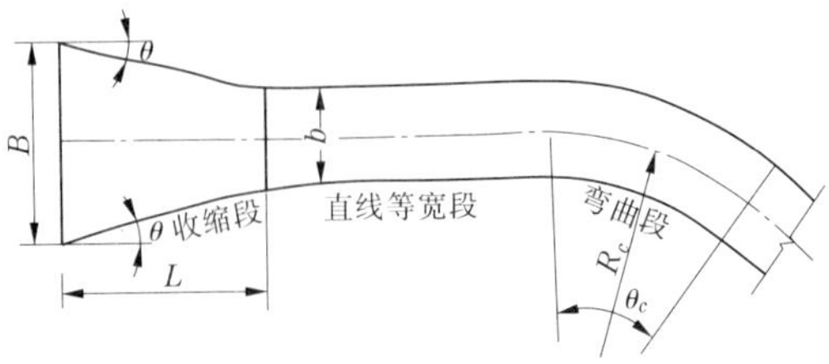

图 3-7　泄槽的平面布置

2.3.1.2 弯曲段

泄槽段如设置弯道，由于离心力及弯道冲击波作用，将造成弯道内外侧横向水面差，流态不利。根据地形、地质或布置上的需要，泄槽在平面上必须设弯道时，弯道应设置在流速较小、水流平稳、底坡较缓且无变坡处。

泄槽弯曲段通常采用圆弧曲线，弯曲半径应大于10倍槽宽。

2.3.2 纵剖面布置

泄槽纵剖面设计主要是决定纵坡。主要根据自然条件及水力条件确定。

泄槽纵坡必须保证泄流时，溢流堰下为自由出流和槽中不发生水跃，使水流始终处于急流状态。因此，泄槽纵坡必须大于临界坡度（$i > i_k$）。常用的纵坡为1%～5%，有时可达10%～15%，坚硬的岩石上可以更大，实践中有用到1:1。

泄槽纵坡宜采用单一纵坡。但为了减小工程量，泄槽沿程可随地形、地质变坡，但变坡次数不宜过多；而且在两种坡度连接处，要用平滑曲线连接，以免在变坡处发生水流脱离边壁引起负压或空蚀。当坡度由缓变陡时，宜采用符合水流规迹的抛物线来连接（见图3-8）。抛物线方程为

$$y = x\tan\theta + \frac{x^2}{K(4H_0\cos^2\theta)} \tag{3-4}$$

$$H_0 = h + \frac{v^2}{2g} \tag{3-5}$$

式中 x、y——抛物线横、纵坐标，以上段陡槽末端衔接点O为原点，m；

θ——变坡处上段陡坡的坡角，(°)；

K——系数，对于重要工程且落差大者，可取1.5，落差小者可取1.1～1.3；

H_0——抛物线起始断面的比能，m；

h——抛物线起始断面的水深，m；

v——抛物线坡始断面的平均流速，m/s。

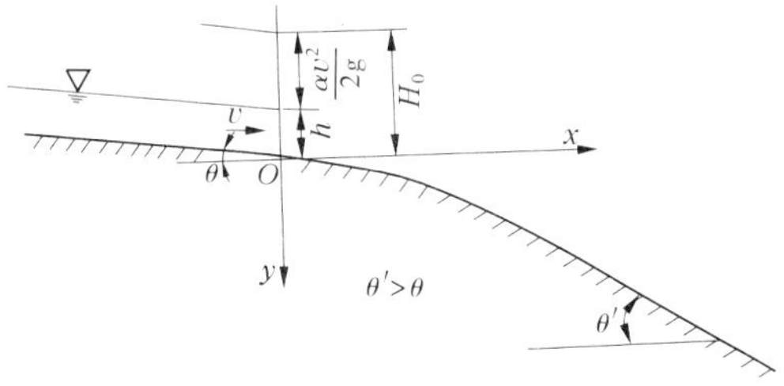

图3-8 底坡由缓变陡时抛物线连接曲线

当坡度由陡变缓时，可采用半径为(6～12)h的反圆弧连接，流速大时宜选用较大值。

2.3.3 横断面

泄槽横断面形状与地质情况紧密相连。在非岩基上，一般做成梯形断面，边坡比为1:1～1:2；在岩基上的泄槽多做成矩形或近于矩形的横断面，边坡坡比为1:0.1～1:0.3。

2.4 出口消能段

溢洪道泄洪，一般是单宽流量大、流速高，能量集中，如果消能设施考虑不当，出槽的

高速水流与下游河道的正常水流不能妥善衔接，下游河床和岸坡就会遭受冲刷，甚至会危及河岸溢洪道的安全。

河岸溢洪道的消能设施一般采用挑流消能或底流消能，有时也可采用其他型式的消能措施，当地形地质条件允许时，优先考虑挑流消能，以节省消能防冲设施的工程投资。

挑能消能一般适用于岩石地基的中、高水头枢纽。为了保证挑坎稳定，常在挑坎的末端做一道深齿墙，见图 3-9。齿墙深度应根据冲刷坑的形状和尺寸决定，一般可达 5 ~ 8 m。如冲坑深，齿墙还应加深。挑坎的左右两侧也应做齿墙插入两侧岩体。为了加强挑坎的稳定，常用锚筋将挑坎与基岩锚固连成一体。为了防止小流量水舌不能挑射时产生贴壁冲刷，挑坎下游常做一段短护坦。为了避免在挑流水舌的下面形成真空，产生对水流的吸力，减小挑射距离，应采用通气措施，如通气孔或扩大出水渠的开挖宽度，以使空气自由流通。

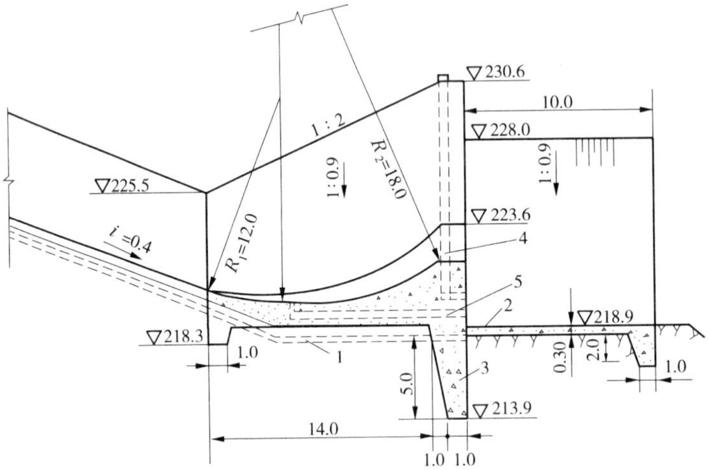

1—纵向排水；2—护坦；3—混凝土齿墙；4—ϕ50 cm 通气孔；5—ϕ10 cm 通气孔

图 3-9　溢洪道挑流坎布置图　（单位：m）

挑流坎的结构型式一般有两种，如图 3-10 (a)为重力式，图 3-10 (b)为衬砌式，前者适用于较软弱岩基或土基，后者适用于坚实完整岩基。

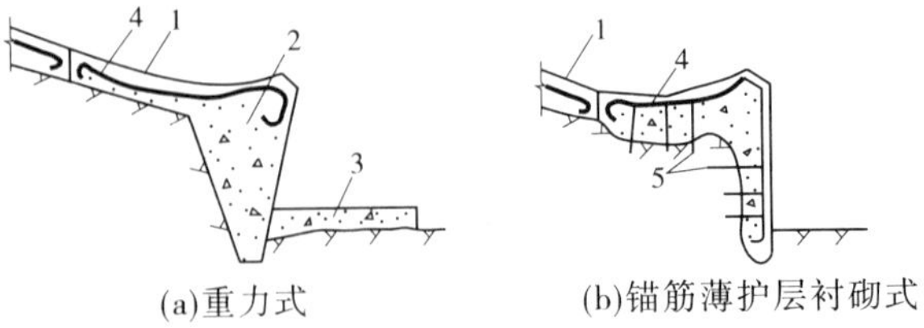

(a)重力式　　(b)锚筋薄护层衬砌式

1—面板；2—齿墙；3—护坦；4—钢筋；5—锚

图 3-10　挑流鼻坎的型式

2.5　出水渠

由溢洪道下泄的水流应与坝脚和其他建筑物保持一定距离，且应和原河道水流获得妥善衔接,以免影响坝和其他建筑物的安全和正常运行。在有的情况下,当下泄的水流不能直接归入原河道时,需要布置一段出水渠。出水渠要短、直、平顺,底坡尽量接近下游原河道的平均坡降,以使下泄的水流能顺畅平稳地归入原河道。

任务2　溢洪道水力设计

目标:(1)掌握溢洪道五大组成部分水力计算的任务;

(2)掌握溢洪道五大组成部分水力计算的方法。

执行过程:溢洪道进水渠水力计算方法→绘制库水位与溢洪道泄流能力关系曲线→验算溢洪道泄流能力→泄槽段水面线计算→泄槽段边墙高度确定→消能段水力计算方法→五大组成部分水力计算实训。

要点:(1)溢洪道泄流能力校核;

(2)水面线及边墙高度计算;

(3)消能防冲验算。

提交成果:设计报告1份。

溢洪道水力设计的内容包括以下几个方面:

(1)泄流能力计算;

(2)水面线及压坡线计算;

(3)弯道水力计算;

(4)消能防冲水力设计;

(5)高速水流区防空蚀设计。

对于大型工程及水力条件复杂的中型工程,上述各项水力设计内容,均应经溢洪道水工模型试验验证。

溢洪道的水力设计应满足下列要求:

(1)泄流能力必须满足设计和校核工况下所要求的泄量。

(2)消能防冲设计的洪水标准:1级建筑物按100年一遇洪水设计;2级建筑物按50年一遇洪水设计;3级建筑物按30年一遇洪水设计。

(3)体型合理、简单,水流平顺、稳定,并避免发生空蚀。

(4)下泄水流的流态不影响坝肩及岸坡的稳定。

1　进水渠的水力设计

进水渠的水力设计应使渠内水流平顺、稳定,水面波动及横向水面比降小,并应避免回流与旋涡。渠道中的流速应大于悬移质不淤流速,小于渠道中不冲流速,且不宜大于4 m/s,如因条件限制,流速超过此值,应进行论证。例如,碧口水电站的岸边溢洪道,经技术经济比较,其进水渠的水流流速,在设计情况下选用了5.8 m/s。

进水渠水力计算内容是:根据渠内流速大小,求库水位与下泄流量关系曲线,校核泄流能力;求渠内水面曲线,确定进水渠边墙高。

(1)求堰上水头 H_0(已知 B、Q),即

$$H_0 = \left(\frac{Q}{\varepsilon\sigma_s mB\sqrt{2g}}\right)^{\frac{2}{3}} \tag{3-6}$$

式中 H_0——包括行近流速水头的堰上水头,m;

B——闸孔总净宽,m;

m——流量系数;

ε——侧收缩系数;

σ_s——淹没系数;

Q——流量,m^3/s。

(2)建立求解下列方程,计算堰前水深 h 和 v。

$$h = H_0 + P_1 - \frac{v^2}{2g}$$

$$v = \frac{Q}{\omega} = \frac{Q}{bh + mh^2} \tag{3-7}$$

进水渠为梯形断面,b 为渠底宽,m 为进水渠边坡系数,其余参数如图3-11所示。

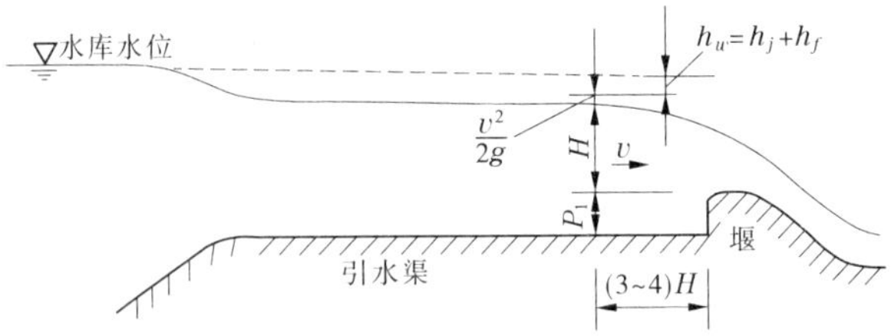

图3-11 进水渠段水力计算图一

(3)计算水库水位。

①当 $v\leqslant0.5$ m/s 时,进水渠水头损失很小,可忽略不计,则

$$\text{水库水位} = \text{堰顶高程} + H_0 \tag{3-8}$$

②当 $v=0.5\sim3.0$ m/s,并且进水渠沿程断面、糙率不变(或变化很小)、平面布置比较顺直时,进水渠水头损失所占比例也很小,这时仍可按明渠均匀流公式进行近似计算,计算误差并不是很大,且偏于安全。则

$$\left.\begin{aligned}
&\text{水库水位} = \text{堰顶高程} + H + \frac{\alpha v^2}{2g} + h_w \\
&h_w = h_j + h_f \\
&h_j = \zeta\frac{v^2}{2g} \\
&h_f = JL = \frac{v^2n^2L}{R^{4/3}}
\end{aligned}\right\} \tag{3-9}$$

式中 h_w——进水渠总水头损失;

h_f——沿程水头损失;

h_j——局部水头损失;

ζ——局部水头损失系数,参见有关水力学教材;

J——水力坡降；

L——进水渠长度，m；

α——动能修正系数，一般采用1.0；

其他符号含义如图3-11所示。

③当进水渠流速 $v \geqslant 3.0$ m/s时，进水渠沿程断面糙率变化较大，则要用明渠非均匀流公式进行计算。

首先计算起始断面的水力要素——水深、流速。进水渠的起始断面一般可选择在堰前(3~4)H处，如图3-12中的1—1断面。起始断面水深为 h_1，流速为 v_1（用式(3-7)试算）。

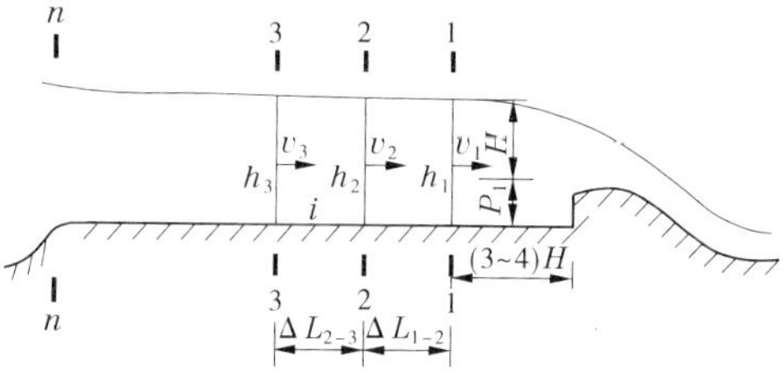

图3-12 进水渠段水力计算图二

然后假定分段末端水深为 h_2，则流速为 v_2 可以求出：$v_2 = Q/\omega_2$；根据式(3-10)计算流段内的平均摩阻坡降 $\bar{J}$ 为

$$\bar{J} = \frac{\bar{v}^2}{\bar{C}^2\bar{R}} \tag{3-10}$$

其中

$$\bar{v} = \frac{v_1 + v_2}{2};\quad \bar{C} = \frac{C_1 + C_2}{2};\quad \bar{R} = \frac{R_1 + R_2}{2}$$

可求得 ΔL_{1-2}：

$$\Delta L_{1-2} = \frac{\left(h_2\cos\theta + \frac{\alpha_2 v_2^2}{2g}\right) - \left(h_1\cos\theta + \frac{\alpha_1 v_1^2}{2g}\right)}{i - \bar{J}} \tag{3-11}$$

式中 ΔL_{1-2}——分段的长度，m；

θ——引渠底坡角度，(°)；

i——引渠纵坡，$i = \tan\theta$；

α_1、α_2——动能修正系数，一般取1.0。

重复上述步骤求得 ΔL_{2-3}，ΔL_{3-4}，…，ΔL_{n-1-n} 直至 $\sum \Delta L$ 等于引渠全长，推算到渠首断面 n—n 计算 h_n 和 v_n，即可推求引渠的水面线。则水库水位为

$$\text{水库水位} = \text{渠底高程} + h_n + \frac{\alpha v_n^2}{2g} + \zeta\frac{\alpha v_n^2}{2g} \tag{3-12}$$

最后，根据计算结果（见表3-4）绘制库水位与溢洪道泄流能力关系曲线。

表 3-4　库水位与溢洪道泄流能力计算表

流量 $Q(m^3/s)$	堰上水头(m)	水头损失(m)	堰顶高程(m)	库水位(m)
100				
200				
⋮				

2　控制段的水力设计

控制段水力计算主要是校核溢流堰过流能力。需要绘制库水位与溢洪道泄流量的关系曲线。

溢流堰选用实用堰或宽顶堰，实用堰、宽顶堰、驼峰堰泄流能力的校核可采用 $Q=\varepsilon\sigma_s mB\sqrt{2g}H_0^{3/2}$ 进行验算。驼峰堰的流量系数 m 按下式计算。

$$\left.\begin{array}{ll} \text{a 型：} & \text{当 } P_1/H_0 \leqslant 0.24 \text{ 时}, m=0.385+0.171(P_1/H_0)^{0.657} \\ & \text{当 } P_1/H_0 > 0.24 \text{ 时}, m=0.414(P_1/H_0)^{-0.0652} \\ \text{b 型：} & \text{当 } P_1/H_0 \leqslant 0.34 \text{ 时}, m=0.385+0.224(P_1/H_0)^{0.934} \\ & \text{当 } P_1/H_0 > 0.34 \text{ 时}, m=0.452(P_1/H_0)^{-0.032} \end{array}\right\} \tag{3-13}$$

当宽顶堰顺水流方向的长度 $\delta > 10H$ 时，水流流态已不属于宽顶堰流，而是明渠非均匀流，它的沿程水头损失已不能忽略。如图 3-13 所示，当一个平坡或缓坡接一陡坡时，渠中水流由缓流变为急流，在两坡的交接断面处，水深可以近似看成是临界水深 h_k。对该情况可用下述方法求得其泄流量。

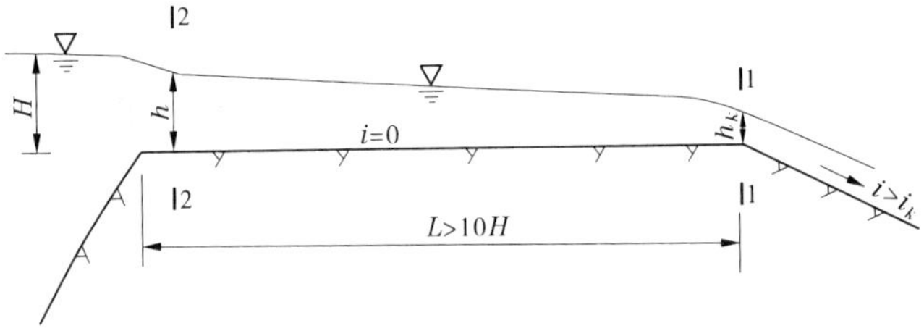

图 3-13　水力计算示意图

取断面 1—1 和断面 2—2 列能量方程如下：

$$h+\frac{v^2}{2g}=h_k+\frac{v_k^2}{2g}+h_f \tag{3-14}$$

式中　h、v、h_k、v_k——断面 2—2 和断面 1—1 的水深与流速；

h_f——两断面间的能量损失。

计算时，假定 h，流量 Q 为

$$Q=\varphi Bh\sqrt{2g(H-h)} \tag{3-15}$$

式中　φ——流速系数，视进口形状而定，一般为 0.96 左右。

B——进口断面 2—2 的渠底宽；

H——库水位与渠底高差。

求得 Q 后，即可求得 v、v_k、h_k 及 h_f（$v=\dfrac{Q}{Bh}$，$h_k=\sqrt[3]{\dfrac{Q^2}{B_k^2 g}}$，$v_k=\dfrac{Q}{B_k h_k}$，$h_f=\dfrac{\bar{v}^2 n^2 L}{\bar{R}^{4/3}}$，其中，$\bar{v}$、$\bar{R}$ 为两断面间的平均流速和水力半径，B_k 为断面1—1 的渠底宽）。将以上各值代入式(3-15)，如左右相等，h、Q 即为所求值；如不相等，则再设 h 重新试算。

3　过渡段的水力设计

过渡段的水力设计应考虑以下要求：不能影响控制段的设计过流能力；不能因收缩或改变流向而引起水流扰动（如冲击波等）传向下游泄槽和消能防冲设施；在满足前两点的情况下，尽可能简化过渡段型式，减小长度、宽度和深度。

3.1　渐变槽式过渡段

如图3-14 所示，断面1—1 水深认为近似等于临界水深 h_k，断面1—1 到断面2—2 水深，按式(3-16)能量方程求解。

$$E_1 + i_1 L = E_2 + h_f \tag{3-16}$$

其中　$E_1 = h_1 + \dfrac{\alpha v_1^2}{2g}$；$E_2 = h_2 + \dfrac{\alpha v_2^2}{2g}$；$h_f = \dfrac{\bar{v}^2 L}{\bar{C}^2 \bar{R}}$

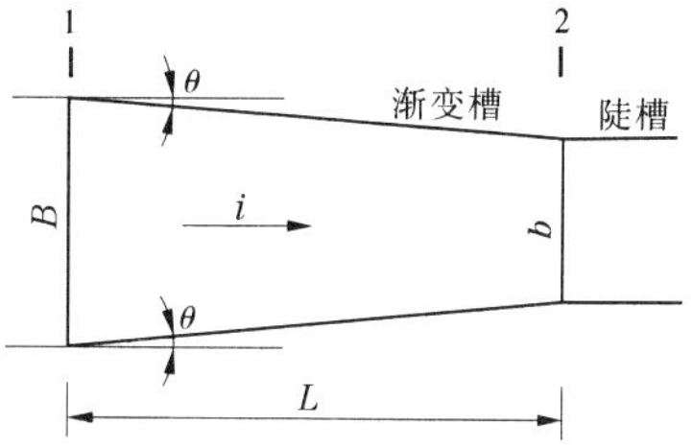

图3-14　渐变槽过渡段平面图

式中　v_1、v_2、h_1、h_2——两断面的流速及水深；

$\bar{v}$、$\bar{C}$、$\bar{R}$——两断面的平均流速、平均谢才系数、平均水力半径。

计算步骤：先求 h_1（h_k）验算 i_1，i_1 应大于 i_k，再设 h_2，试算 E_2，直至满足能量方程。

3.2　缩窄陡槽型过渡段

其水力计算基本假定为：上游控制段为宽顶堰或平底渠，通过设计流量 Q_k 时，上下游断面水深都等于临界水深 h_k，中间不存在水跃。设计条件为：已知 Q_k 以及上下游断面尺寸（可假设 Q_k 为设计流量或校核流量）。水力计算内容是确定过渡段各部分尺寸。水力计算示意图如图3-15 所示。

计算步骤：过渡段下游断面（下游陡槽的起始断面）槽底与上游溢流堰高差 ΔZ_k 采用式(3-17)计算，即

$$\Delta Z_k = (h_{k2} - h_{k1}) + \frac{v_{k2}^2 - v_{k1}^2}{2g} + h_w \tag{3-17}$$

$$h_w = h_f + h_j$$

$$h_f = \left(\frac{\bar{v}^2 n^2}{\bar{R}^{4/3}}\right) l$$

$$h_j = \zeta\left(\frac{v_{k2}^2 - v_{k1}^2}{2g}\right)$$

式中　h_{k1}、h_{k2}——通过流量 Q_k 时，过渡段上、下游的临界水深，m；

v_{k1}、v_{k2}——相应的临界流速，m/s；

h_w——过渡段的水头损失，m；

h_f——沿程摩阻损失，m；

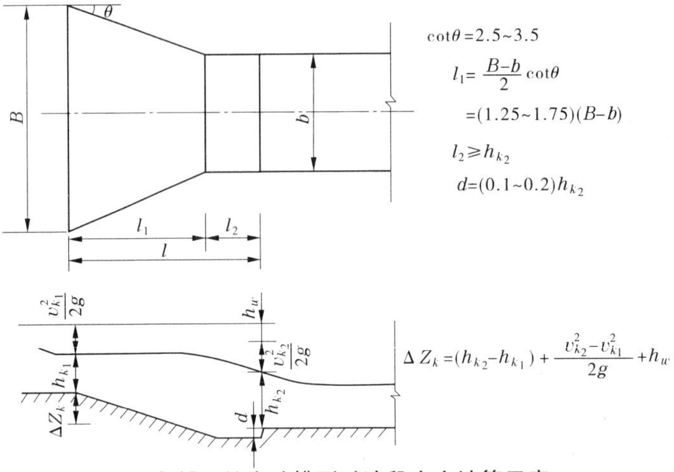

图 3-15　缩窄陡槽型过渡段水力计算示意

$\bar{v}$、$\bar{R}$、n ——平均流速、平均水力半径和糙率；

h_j ——缩窄断面而成的局部水头损失，m。

选用 $\zeta=0.1\sim0.2$。

为简化计算，h_w 和 ΔZ_k 可用下式计算，即 $h_w=\zeta(\frac{v_{k2}^2-v_{k1}^2}{2g})$，选用 $\zeta=0.2\sim0.3$。

$$\Delta Z_k=(h_{k2}-h_{k1})+(1+\zeta)\frac{v_{k2}^2-v_{k1}^2}{2g}$$

调整段长度 l_2 的计算。调整段的作用是使受缩影响后而在断面上产生分布不均的水流，在此平面内得到高调整，并较平顺地流到下游泄槽，其长度不少于 2 倍的末端断面水深，即 $l_2\geqslant 2h_{k2}$。

调整段挖深 d 值的计算。挖深的目的是增加缩窄口的水深，使其小流量时及早促成水跃，改善下游流态。所以深些有利，但过深则增加过渡段水头损失，因此不宜过深，一般采用 $d=(0.1\sim0.2)h_{k2}$。

4　泄槽水力设计

泄槽水力设计，应根据布置和最大流量计算各水力要素，确定水流边壁的体型、尺寸及需要采取的工程措施。

泄槽水力计算是在确定了泄槽的纵向坡度及断面尺寸后，根据溢洪道的设计与校核流量，计算泄槽内水深和流速的沿程变化，即进行水面线计算，以便确定边墙高度，为边墙及衬砌的结构设计和下游消能计算提供依据。

4.1　泄槽水面线的定性分析

计算水面线之前，必须先确定所要计算水面线的变化趋势，以及上下两断面的位置（定出水面线的范围）。泄槽中可以发生 a_{II} 型壅水曲线、b_{II} 型降水曲线及 c_{II} 型壅水曲线三种，出现最多的是 b_{II} 型降水曲线。

4.2　用分段求和法计算泄槽水面线

泄槽水面线计算的首要问题是确定起始断面，起始断面一般都在泄槽的起点，水面线的计算从该断面开始向下游逐段进行。起始断面的水深则与上游渠道情况有关。

（1）泄槽上游接宽顶堰或缓坡明渠或过渡段，如图3-16所示，起始断面水深等于临界水深 h_k。临界水深 h_k、临界底坡 i_k 计算见表3-5。

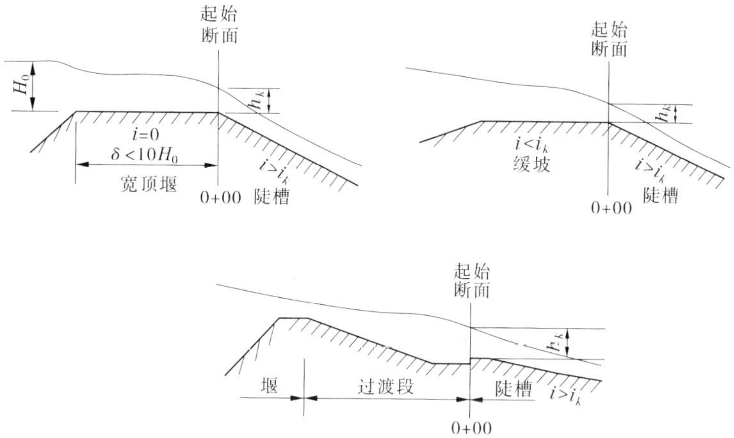

图3-16　泄槽起始断面水深 h_1 示意图一

表3-5　临界水深 h_k、临界底坡 i_k 计算表

计算工况	Q (m^3/s)	B (m)	q_k ($m^3/(s\cdot m)$)	h_k (m)	A_k (m^2)	χ_k (m)	R_k (m)	C_k	$i_k=\dfrac{g\chi_k}{C_k^2B_k}$

（2）泄槽上接实用堰、陡坡明渠，如图3-17所示。起始计算断面水深分别定在堰下收缩断面或泄槽首端以下 $3h_k$ 处，起始计算断面水深 h_1 小于 h_k，可按下式计算

$$h_1=\frac{q}{\varphi\sqrt{2g(H_0-h_1\cos\theta)}} \tag{3-18}$$

式中　q——起始计算断面单宽流量，$m^3/(m\cdot s)$；

H_0——起始计算断面渠底以上总水头，m；

θ——泄槽底坡坡角，(°)；

φ——起始计算断面流速系数，取0.95。

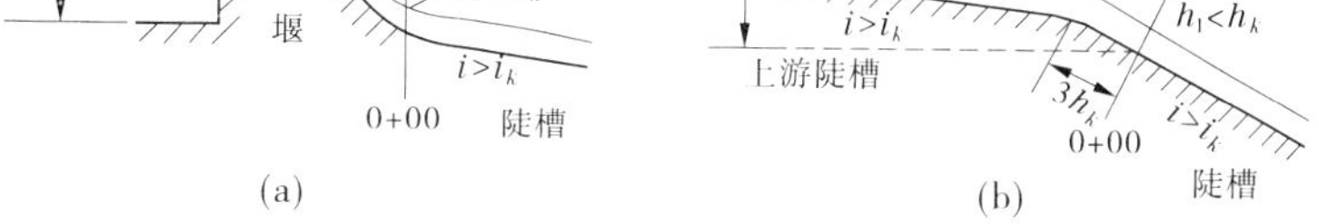

图3-17　泄槽起始断面水深 h_1 示意图二

(3)泄槽水面线的计算。泄槽水面线的计算采用分段求和法。计算步骤同引渠水面线计算所述,或参考有关水力学教材进行计算。泄槽水面线的计算汇总表见表3-6。

表3-6　泄槽水面线的计算汇总表

计算工况	设计工况			校核工况		
断面	1—1	2—2	…	1—1	2—2	…
h(m)						
A						
v						
$v^2/(2g)$						
E_s						
ΔE_s						
χ						
R						
C						
$\bar{J}$						
$i-\bar{J}$						
ΔL						
$\sum\Delta L$						

4.3　边墙高度的确定

泄槽边墙高度根据掺气后的水面线加0.5～1.5 m的超高确定。对于收缩段、扩散段、弯道段等水力条件比较复杂的部位,宜取大值。当泄槽内水流流速超过7～8 m/s时,空气从自由水面进入水体,发生掺气现象。掺气程度与流速、水深、边界糙率等因素有关,掺气水深可用下式估算,即

$$h_b = \left(1 + \frac{\zeta v}{100}\right)h \tag{3-19}$$

式中　h、h_b——泄槽计算断面的水深及掺气后的水深,m;

v——不掺气情况下泄槽计算断面的平均流速,m/s;

ξ——修正系数,可取1.0～1.4,视流速和断面收缩情况而定,当流速大于20 m/s时,宜采用较大值。

边墙高度的计算汇总见表3-7。

表3-7 边墙高度计算汇总表

计算工况	断面	距离泄槽首端距离	静水水深 h(m)	流速(m/s)	掺气后水深(m)	安全加高(m)	边墙高度(m)
设计工况	1—1						
	2—2						
	⋮						
校核工况	1—1						
	2—2						
	⋮						

在泄槽转弯处的水流流态复杂，由于弯道离心力和急流冲击波共同而产生的横向水面超高，外侧水深加大，内侧水深减小，弯道外侧水面与内侧水面的高差 $2\Delta Z$，如图3-18(a)所示。ΔZ 可按经验公式计算：

$$\Delta Z = C\frac{v^2 b}{g\gamma_c} \tag{3-20}$$

式中 ΔZ——横向水面差，即弯道外侧水面与中心线水面的高差，m；

v——弯曲段起始断面的平均流速，m/s；

b——泄槽直段的水面宽，m；

g——重力加速度 m/s^2；

γ_c——弯曲段中心线的曲率半径，m；

C——超高系数，其值可查表3-8。

表3-8 横向水面超高系数 C 值

泄槽断面形状	弯道曲线的几何形状	C
矩形	简单圆曲线	1.0
梯形	简单圆曲线	1.0
矩形	带有缓和曲线过渡段的复曲线	0.5
梯形	带有缓和曲线过渡段的复曲线	1.0
矩形	既有缓和曲线过渡线，槽底又横向倾斜的弯道	0.5

为调整横剖面上的流量分布，使之均匀，改善流态，减小冲击波和保持弯曲段水面的稳定性。可将泄槽弯曲段外侧槽底高程抬高 $2\Delta Z$。如图3-18(b)所示。

为了保持泄槽中线的原底部高程不变，以利于施工，常将内侧渠底较中线高程下降 ΔZ，而外侧渠底则抬高 ΔZ，如图3-18(c)所示。

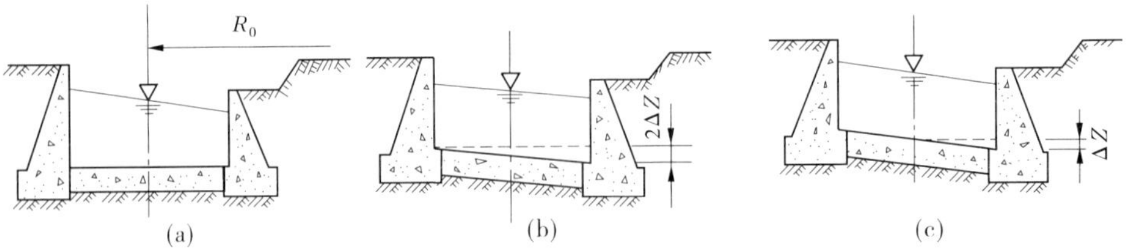

图 3-18　弯道上的泄槽

5　消能防冲设计

5.1　挑流消能

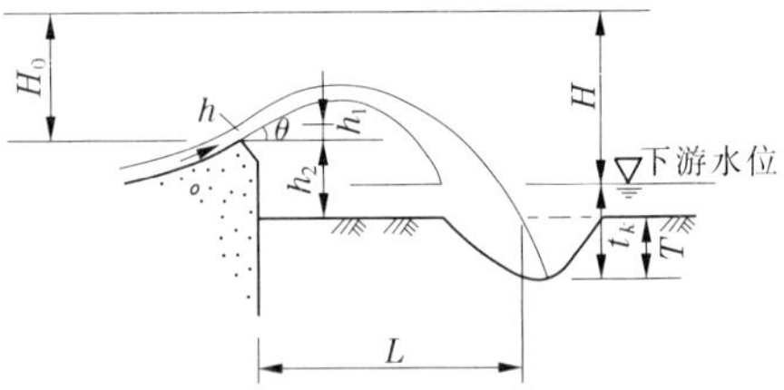

图 3-19　挑射距离和冲坑深计算图

挑流消能是通过挑流鼻坎将高速水流自由抛射远离坝体，并利用水舌在空中扩散、掺气以及水舌跌入下游水垫内的紊动扩散消耗能量（见图 3-19）。这种消能方式具有结构简单、工程造价省、施工检修方便等优点。但下泄水流会形成雾化，尾水波动较大，且下游冲刷较严重，冲刷坑后形成堆丘等。适用于水头较高、下游有一定水垫深度、基岩条件良好的高、中坝，低坝经过严格论证也可采用这种消能方式。

挑流消能设计的任务是：选择鼻坎形式、反弧半径、鼻坎高程和挑射角，计算水舌挑射距离和冲刷坑深度等。

挑流鼻坎的常用型式有连续式和差动式两种。连续式鼻坎在工程中应用较为广泛。其优点是构造简单，水流平顺，防空蚀效果较好，但扩散掺气作用较差。连续式鼻坎的挑角可采用 15° ~ 35°，反弧半径应在(4 ~ 10)h 范围内选取。鼻坎高程一般应高出下游最高水位 1 ~ 2 m，以利于挑流水舌下缘的掺气。水舌挑射距离可用下式估算：

$$L = \frac{1}{g}\left[v_1^2\sin\theta\cos\theta + v_1\cos\theta\sqrt{v_1^2\sin^2\theta + 2g(h_1 + h_2)}\right] \tag{3-21}$$

式中　L——水舌挑射距离，m；

v_1——坎顶水面流速，m/s，按鼻坎处平均流速 v 的 1.1 倍计，即 $v_1 = 1.1v = 1.1\varphi\sqrt{2gH_0}$（$H_0$ 为水库水位至坎顶的落差，单位为 m，φ 为堰面流速系数，可取 0.9 ~ 1.0）；

θ——鼻坎的挑角，(°)；

h_1——坎顶垂直方向水深，m，$h_1 = h/\cos\theta$（h 为坎顶平均水深）；

h_2——坎顶至河床面高差，m，如冲坑已经形成，作为计算冲坑进一步发展时，可算至坑底。

最大冲坑深度可按下式估算：

$$T = t_k - t \tag{3-22}$$

$$t_k = kq^{0.5}H^{0.25}$$

式中　t_k——最大冲坑水垫层厚度（自下游水位算至坑底），m；

q——单宽流量，$m^3/(s \cdot m)$；

H——上下游水位差,m;

t——下游水深,m;

k——冲刷系数,参见表3-9。

对冲刷系数 k,坚硬完整的基岩取0.6~0.9;坚硬但完整性较差的基岩取0.9~1.2;较坚硬,但呈块状、碎石状的基岩取1.2~1.6;软弱、完全碎石状的基岩取1.6~2.0。

表3-9 岩基冲刷系数 k 值

类别		Ⅰ	Ⅱ	Ⅲ	Ⅳ
节理裂隙	间距(m)	>150	50~150	20~50	<20
	发育程度	不发育,节理1~2组	较发育,节理2~3组,呈X形,较规划	发育,节理3组以上,不规划,呈X形或米字形	很发育,节理3组以上,杂乱,岩石被切割成碎石状
	完整程度	巨块状	大块状	块石碎石状	碎石状
岩基构造特征	结构类型	整体结构	砌体结构	镶嵌结构	碎裂结构
	裂隙性质	多为原生型或构造型,多密闭,延展不长	以构造型为主,多密闭,部分微张,少有充填,胶结好	以构造或风化型为主,大部分微张,部分张开,部分为黏土充填,胶结较差	以风化或构造型为主,裂隙微张或张开,部分为黏土充填,胶结较差
k	范围	0.6~0.9	0.9~1.2	1.2~1.6	1.6~2.0
	平均	0.8	1.1	1.4	1.8

5.2 底流消能

底流消能防冲的水力设计,应满足下列要求:

(1)保证消力池内低淹没度稳定水跃,并应避免产生两侧回流。

(2)消力池宜采用等款的矩形断面。

(3)护坦上是否设置辅助消能工,应结合运用条件综合分析确定。当跃前断面平均流速超过16~18 m/s时,池内不宜设置趾墩、消力墩等辅助消能工。

底流消能的水力设计,应对各级流量进行计算,确定池底高程、池长及尾坎布置等。对于不设辅助消能工的消力池水力计算,可以按照式(3-23)进行计算。对于设置辅助消能工的消力池,其布置、水力计算应经过水工型试验验证。

等宽矩形断面消力池水平护坦上水跃形态如图3-20所示,其水跃消能计算按下式进行,即

$$h_2 = \frac{h_1}{2}\left(\sqrt{1 + 8Fr_1^2} - 1\right)$$

$$Fr_1 = v_1 / \sqrt{gh_1} \tag{3-23}$$

$$L = 6.9(h_2 - h_1)$$

式中 Fr_1——收缩断面弗劳德数;

h_1——收缩断面水深,m;

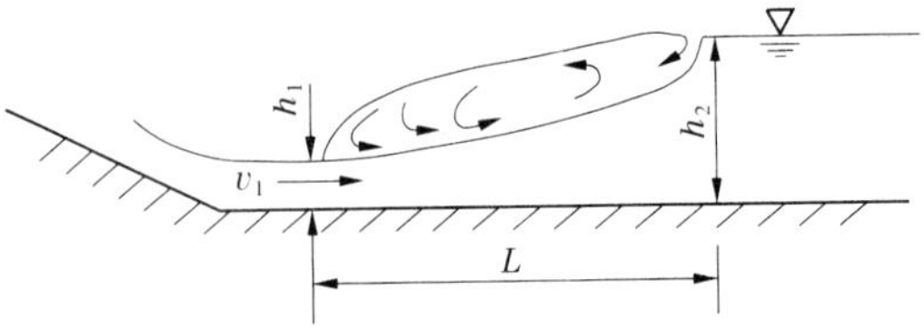

图 3-20 水平光滑护坦水跃形态

h_2——自由水面共轭水深,m;

v_1——收缩断面流速,m/s;

L——水跃长度,m。

渐扩式矩形断面消力池,水平护坦上水跃消能按式(3-24)计算,水跃长度取自由水跃长度的 0.8 倍,即

$$h_2 = \frac{h_1}{2}(\sqrt{1 + 8Fr_1^2} - 1)\sqrt{\frac{b_1}{b_2}} \tag{3-24}$$

式中 b_1、b_2——跃前、跃后断面宽度,m。

其他符号含义同式(3-23)。

等宽矩形断面下挖式消力池的水跃形态如图 3-21 所示,消力池的池长、池深可按式(3-25)计算。

$$\left.\begin{aligned} d &= \sigma h_2 - h_t - \Delta Z \\ \Delta Z &= \frac{Q^2}{2gb^2}\left(\frac{1}{\varphi^2 h_t^2} - \frac{1}{\sigma^2 h_2^2}\right) \\ L_k &= 0.8L \end{aligned}\right\} \tag{3-25}$$

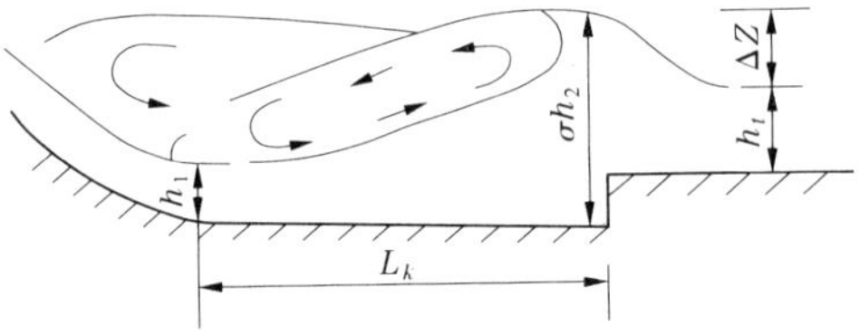

图 3-21 等宽矩形断面下挖式消力池的水跃形态

式中 d——池深,m;

σ——水跃淹没度,可取 $\sigma = 1.05$;

h_2——池中发生临界水跃时的跃后水深,m;

h_t——消力池出口下游水深,m;

ΔZ——消力池尾部出口水面跌落,m;

b——消力池宽度,m;

φ——消力池出口段流速系数,可取 0.95;

L——自由水跃的长度,按式(3-23)计算。

任务3 溢洪道细部构造

目标：(1)掌握进水渠细部设计；

(2)掌握控制段细部设计；

(3)掌握溢洪道泄槽段衬砌类型及细部构造设计；

(4)掌握消能段细部构造设计；

(5)绘制各部分细部设计图。

执行过程：进水渠衬砌及细部设计→控制段细部设计→泄槽底板及边墙衬砌分缝排水、止水设计→消能防冲段细部构造设计→绘制细部构造设计图。

要点：(1)泄槽底板及边墙衬砌分缝、排水、止水设计；

(2)绘制溢洪道五大组成部分细部设计图。

提交成果：(1)设计报告1份；

(2)按比例绘制细部构造设计图5~6张。

1 进水渠衬砌

进水渠应根据地质情况、渠线长短、流速大小等条件确定是否需要砌护。岩基上的进水渠可以不砌护，但应开挖整齐。对长的进水渠，则要考虑糙率的影响，以免过多地降低泄流能力。在较差的岩基或土基上，应进行砌护，尤其在靠近堰前的区段，由于流速较大，为了防止冲刷和减少水头损失，可采用混凝土板或浆砌石护面。保护段长度，视流速大小而定，一般与导水墙长度相近。砌护厚度一般为0.3 m。必要时还要进行抗渗和抗浮稳定验算。当有防渗要求时，混凝土砌护还可兼作防渗铺盖。

混凝土衬砌的分缝应满足结构布置要求。分块尺寸应考虑气候特点、地基约束情况、混凝土施工条件、比照类似工程经验确定。其纵横缝间距可采用10~15 m。

2 控制段

控制段溢流堰的结构型式，可采用分离式或整体式。分离式适用于岩性比较均匀的地基，整体式适用于岩性均匀性较差的地基。

分离式底板，必要时应设置垂直水流方向的纵缝，缝的位置和间距应根据地基、结构、气候和施工条件确定。缝内均应设置止水。

溢流堰顶可设置闸门，也可不设置闸门。不设置闸门时，堰顶高程就是水库的正常蓄水位；设置闸门时，堰顶高程低于水库的正常蓄水位。

一般情况下，对于大中型水库的溢洪道，一般都设置闸门，小型水库对上游水位稍有增高所加大的淹没损失和加高坝身及其他建筑物的工程费用都不是很大，从施工简单、管理方便以及节省工程费用等各方面考虑，一般都不设置闸门。

3 泄槽段底板与边墙构造

3.1 泄槽底板

3.1.1 泄槽的衬砌

为了保护槽底不受冲刷和岩石不受风化，防止高速水流钻入岩石裂隙，将岩石掀起，泄槽都需要进行衬砌。

对泄槽衬砌的要求是：衬砌材料能抵抗水流冲刷；在各种荷载作用下能够保持稳定；表面光滑平整，不致引起不利的负压和空蚀；做好底板下排水，以减小作用在底板上的扬压力；做好接缝止水，隔绝高速水流侵入底板底面，避免因脉动压力引起的破坏，要考虑温度变化对衬砌的影响，在寒冷地区对衬砌材料还应有一定的抗冻要求。

岩基上泄槽的衬砌可以用混凝土、水泥浆砌条石或块石，以及石灰浆砌块石水泥浆勾缝等型式。石灰浆砌块石水泥浆勾缝，适用于流速小于 10 m/s 的小型水库溢洪道。水泥浆砌条石或块石，适用于流速小于 15 m/s 的中小型水库溢洪道。但对抗冲能为较强的坚硬岩石，如果砌得光滑平整，做好接缝止水和底部排水，也可以承受 20 m/s 左右的流速。混凝土衬砌的厚度主要根据工程规模、流速大小和地质条件决定。目前，衬砌厚度的确定尚未形成成熟的计算方法和公式，在工程应用中主要还是采用工程类比法确定，一般取 0.4 ~ 0.5 m，不应小于 0.3 m。当单宽流量或流速较大时，衬砌厚度应适当加厚，甚至可达 0.8 m。为了防止温度变化应力引起温度裂缝，重要的工程常在衬砌临水面配置适量的钢筋网，纵横布置，各方向的含钢率为 0.1% ~ 0.2%。岩基上的衬砌，在必要的情况下可布置锚筋插入新鲜岩层，以增加衬砌的稳定。锚筋的直径为 25 mm 以上，间距 1.5 ~ 3.0 m，插入岩基 1.0 ~ 1.5 m。

土基上的衬砌通常采用混凝土衬砌，由于土基的沉降量大，土基与衬砌之间基本无黏着力，而且不能采用锚筋，所以衬砌厚度一般要比岩基上的大，通常为 0.3 ~ 0.5 m。当单宽流量或流速比较大时，也可用到 0.7 ~ 1.0 m。为增加衬砌的稳定，可适当增加衬砌厚度或增设上下游齿墙，嵌入地基内，以防止衬砌底板沿地基面滑动。齿墙应配置足够的钢筋，以保证强度，如图 3-22 所示。

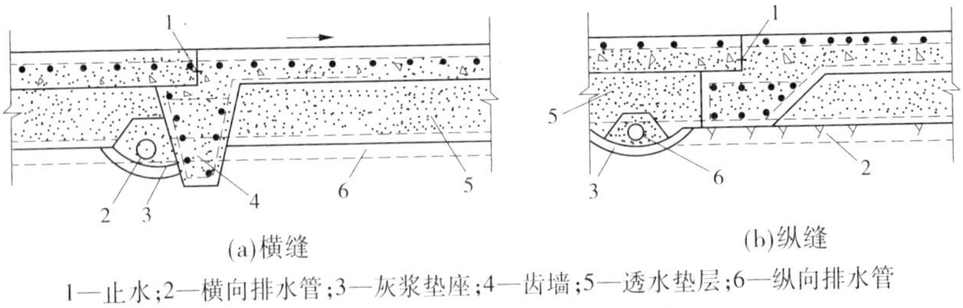

1—止水；2—横向排水管；3—灰浆垫座；4—齿墙；5—透水垫层；6—纵向排水管

图 3-22 土基上泄槽底板的构造

如果底板不够稳定或为了增加底板的稳定性，可在地基中设置锚筋桩，使底板与地基紧密集合，利用土的重力，增加底板的稳定性。图 3-23 为岳城水库溢洪道锚筋桩布置图。

3.1.2 衬砌的分缝、止水

为了控制温度裂缝的发生，除配置温度钢筋外，泄槽衬砌还需要在纵、横方向分缝，并

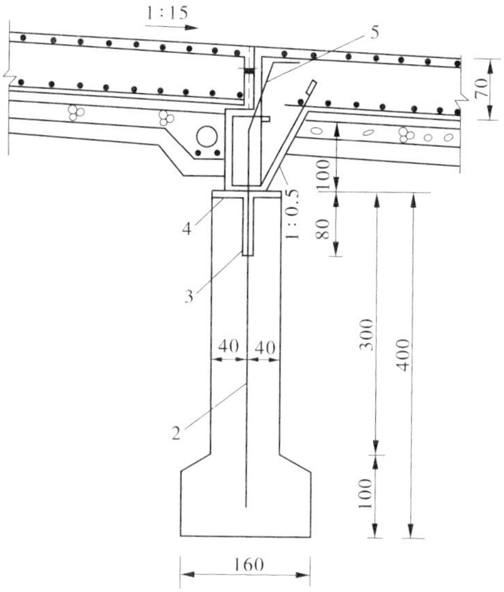

1—第三纪沙层;2—15 kg/m 钢轨;3—涂沥青厚2 cm,包油毡一层;
4—沥青油毡厚1 cm;5—32 Φ螺纹钢筋

图3-23 岳城水库溢洪道锚筋桩布置 (单位:cm)

与堰体及边墙贯通。岩基上的混凝土衬砌,由于岩基对衬砌的约束力大,分缝的间距不宜太大,一般采用10~15 m,衬砌较薄时对温度影响较敏感应取小值。衬砌的接缝有搭接缝、键槽接、平接缝等多种型式,如图3-24(a)、(b)、(c)所示。垂直于流向的横缝比纵缝要求高,宜采用搭接式,岩基较坚硬且衬砌较厚时也可采用键槽缝;纵缝可采用平接的型式。

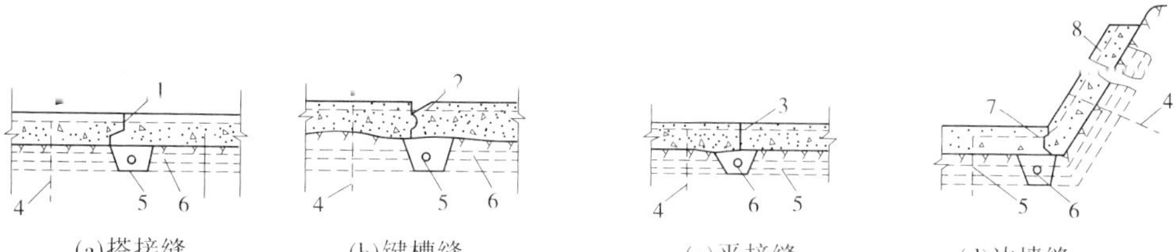

1—搭接缝;2—键槽缝;3—平接缝;4—锚筋;5—横向排水管;6—纵向排水管;7—边墙缝;8—通气孔

图3-24 衬砌的接缝型式

为防止高速水流通过缝口钻入衬砌底面,将衬砌掀动,所有的伸缩缝都应布置止水,其布置要求与水闸底板基本相同。

3.2 泄槽边墙

边墙的主要作用是保护墙后山坡或坝体免受槽内水流的冲刷。同时,也起挡土的作用,并保证两侧山坡的稳定。非岩基上的泄水槽多加衬砌护坡。在岩基上侧护面可以薄些,如果岩石坚硬完整,则只需用薄层混凝土按设计断面将岩石加以平整衬护即可。护面也需设温度缝,缝间距可为4~15 m,缝内设止水,护面下设排水,并与底板下的排水管连通,以减小作用于护面的渗透压力。为了排水畅通,在排水管靠近边墙顶部的一端应设通气孔,如图3-24(d)所示。

项目4 施工水流控制

项目任务书

项目名称		施工水流控制 参考课时	13
学习型工作任务		任务1 导流标准	1
		任务2 导流方案与导流建筑物	5
		任务3 导流建筑物的水力计算	4
		任务4 施工排水	2
		任务5 施工度汛	1
项目任务		根据基本资料,选定导流标准、拟订导流方案、进行导流工程的规划与设计	
教学内容		(1)导流标准及设计流量选择;(2)导流方式、方案的选择;(3)选定导流方案的设计;(4)截流设计;(5)基坑排水设计	
教学目标	知识	(1)掌握土石坝施工导流方式及其特点,掌握导流工程设计步骤与方法;(2)理解导流标准及设计流量选择;(3)了解基坑排水设计	
	技能	(1)能根据水文等条件合理选择导流方式,并能进行导流规划布置;(2)能正确选择导流标准及设计流量;(3)能根据基本资料正确进行截流设计;(4)能根据基本资料正确进行基坑排水设计	
	态度	(1)具有刻苦学习精神;(2)具有吃苦耐劳精神;(3)具有敬业精神;(4)具有团队协作精神;(5)诚实守信	
教学实施		根据项目给定的工程基本资料,学习导流标准,拟订导流方案	
项目成果		完成土石坝施工组织设计报告,包括:(1)导流标准及流量选择;(2)导流方案及施工分期;(3)导流工程规划与设计;(4)基坑排水	
技术规范		(1)《水利水电工程施工组织设计规范》(SL 303—2004);(2)《水利水电工程施工组织设计手册》	

任务1 导流标准

目标:(1)掌握导流建筑物级别划分和导流洪水标准选择;

(2)根据工程情况能进行导流洪水标准的选择;

(3)培养刻苦学习、勤于思考的精神。

执行过程：基本资料分析→导流建筑物级别划分→洪水标准选择。

要点：(1)导流建筑物级别划分；

(2)洪水标准选择。

提交成果：(1)确定导流建筑物级别；

(2)确定洪水标准。

导流设计流量的大小，取决于导流设计的洪水频率标准，通常简称为导流设计标准。

施工期可能遭遇的洪水是一个随机事件。如果标准太低，不能保证工程的施工安全；反之，则使导流工程设计规模过大，不仅导流费用增加，而且可能因其规模太大而无法按期完工，造成工程施工的被动局面。因此，导流设计标准的确定，实际是要在经济性与风险性之间加以抉择。

1 导流建筑物级别

导流建筑物的级别是确定洪水标准和建筑物结构设计的依据。在确定导流建筑物的级别时，当导流建筑物根据表4-1指标分属不同级别时，应以其中最高级别为准。但列为3级导流建筑物时，至少应有两项指标符合要求；不同级别的导流建筑物或同级导流建筑物的结构型式不同时，应分别确定洪水标准、堰顶超高值和结构设计安全系数；导流建筑物级别应根据不同的施工阶段按表4-1划分，同一施工阶段中的各导流建筑物的级别，应根据其不同作用划分。

表4-1 导流建筑物级别划分

级别	保护对象	失事后果	使用年限（年）	围堰工程规模	
				堰高（m）	库容（亿 m^3）
3	有特殊要求的1级永久建筑物	淹没重要城镇、工矿企业、交通干线或推迟工程总工期及第一台（批）机组发电，造成重大灾害和损失	>3	>50	>1.0
4	1、2级永久建筑物	淹没一般城镇、工矿企业或推迟工程总工期及第一台（批）机组发电而造成较大灾害和损失	1.5~3	15~50	0.1~1.0
5	3、4级永久建筑物	淹没基坑，但对总工期及第一台（批）机组发电影响不大，经济损失较小	<1.5	<15	<0.1

注：1. 导流建筑物包括挡水和泄水建筑物，两者级别相同。

2. 表中所列四项指标均按施工阶段划分。

3. 有、无特殊要求的永久建筑物均系针对施工期而言，有特殊要求的1级永久建筑物系指施工期不允许过水的土坝及其他有特殊要求的永久建筑物。

4. 使用年限系指导流建筑物每一施工阶段的工作年限，两个或两个以上施工阶段共用的导流建筑物，如分期导流，一、二期共用的纵向围堰，其使用年限不能叠加计算。

5. 围堰工程规模一栏中，堰高指挡水围堰最大高度，库容指堰前设计水位所拦蓄的水量，两者必须同时满足。

当3～5级导流建筑物地基地质条件非常复杂，或工程具有特殊要求必须采用新型结构，或失事后淹没重要厂矿、城镇时，结构设计级别可以提高一级，但设计洪水标准不予提高。

确定导流建筑物级别的因素复杂，当按表4-1和上述各条件确定的级别不合理时，可根据工程具体条件和施工导流阶段的不同要求，经过充分论证，予以提高或降低。

2　洪水标准

各导流建筑物的洪水标准必须相同，一般以主要挡水建筑物的洪水标准为准；利用围堰挡水发电时，围堰级别可提高一级，但必须经过技术经济论证；导流建筑物与永久建筑物结合时，结合部分结构设计应采用永久建筑物级别标准，但导流设计级别与洪水标准仍按表4-1及表4-2的规定执行。

表4-2　导流建筑物洪水标准划分

导流建筑物类型	导流建筑物级别		
	3	4	5
	洪水重现期		
土石	50～20	20～10	10～5
混凝土	20～10	10～5	5～3

枢纽所在河段上游建有水库时，导流设计采用的洪水标准应考虑上游梯级水库的影响及调蓄作用。

过水围堰的挡水标准，应结合水文特点、施工工期、挡水时段，经技术经济比较后，在重现期3～20年范围内选定。当水文序列较长（不小于30年）时，也可按实测流量资料分析选用。过水围堰级别，按表4-1确定的各项指标是以过水围堰挡水期情况作为衡量依据。围堰过水时的设计洪水标准，应根据过水围堰的级别和表4-2选定。当水文系列较长（不小于30年）时，也可按实测典型年资料分析并通过水力学计算或水工模型试验选用。

3　坝体临时挡水度汛

当坝体填筑高程超过围堰堰顶高程时，坝体临时度汛洪水标准应按坝型及坝前拦洪库容按表4-3选定。

表4-3　导流建筑物洪水标准划分

坝型	拦洪库容（亿 m^3）		
	>1.0	1.0～0.1	<0.1
	洪水重现期（年）		
土石	>100	100～50	50～20
混凝土	<50	50～20	20～10

4 截流标准

截流标准即截流设计流量是指某一确定的截流时间的截流设计流量。一般按频率法确定，根据已选定截流时段，采用该时段内一定频率的流量作为设计流量，截流设计标准一般可采用截流时段重现期5～10年的月或旬平均流量。

除频率法外，也有不少工程采用实测资料分析法。当水文资料系列较长，河道水文特性稳定时，这种方法可应用。至于预报法，因当前的可靠预报期较短，一般不能在初设中应用，但在截流前夕有可能根据预报流量适当修改设计。

在大型工程截流设计中，通常多以选取一个流量为主，再考虑较大、较小流量出现的可能性，用几个流量进行截流计算和模型试验研究。对于有深槽和浅滩的河道，如分流建筑物布置在浅滩上，对截流的不利条件，要特别进行研究。

5 导流时段的划分

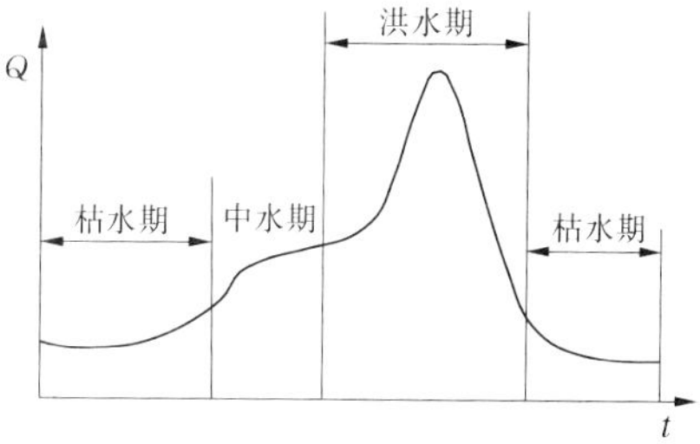

图4-1 河流流量变化过程线

在我国，一般河流全年的流量变化过程如图4-1所示。按其水文特征可分为枯水期、中水期、洪水期。在不影响主体工程施工的条件下，若导流建筑物只担负枯水期的挡水泄水任务，显然可以大大减少导流建筑物的工程量，改善导流建筑物的工作条件，具有明显的技术经济效益。因此，合理划分导流时段，明确不同导流时段建筑物的工作条件，是既安全又经济地完成导流任务的基本要求。导流时段的划分与河流的水文特征、水工建筑物的型式、导流方案、施工进度有关。土坝、堆石坝和支墩坝一般不允许过水，因此当施工期较长，而洪水来临前又不能完建时，导流时段就要考虑以全年为标准。其导流设计流量，就应采用以导流设计标准确定的相应洪水期的年最大流量。但如安排的施工进度能够保证在洪水来临之前使坝体起拦洪作用，则导流时段即可按洪水来临前的施工时段为标准，导流设计流量即为该时段内按导流标准确定的相应洪水重现期的最大流量。当采用分段围堰法导流时，后期用临时底孔导流来修建混凝土坝时，一般宜划分为三个导流时段。第一时段，河水由束窄的河流通过，进行第一期基坑内的工程施工；第二时段，河水由导流底孔下泄，进行第二期基坑内的工程施工；第三时段，进行底孔封堵，坝体全面升高，河水由永久建筑物下泄，也可部分或完全拦蓄在水库中，直到工程完建。在各时段中，围堰和坝体的挡水高程和泄水建筑物的泄水能力，均应按相应时段内相应洪水重现期的最大流量作为导流设计流量进行设计。

山区型河流，其特点是洪水期流量特别大，历时短，而枯水期流量特别小，因此水位变幅很大。例如，上犹江水电站，坝型为混凝土重力坝，坝体允许过水，其所在河道正常水位时水面宽仅40 m，水深6～8 m，当洪水来临时河宽增加不大，但水深却增加到18 m。若按一般导流标准要求设计导流建筑物，不是挡水围堰修得很高，就是泄水建筑物的尺寸很大，而使用期又不长，这显然是不经济的。在这种情况下可以考虑采用允许基坑淹没的导流方案，就是大水来临时围堰过水，基坑被淹没，河床部分停工，待洪水退落、围堰挡水时再继续施工。这种方案，由于基坑淹没引起的停工天数不长，施工进度能够保证，而导流总费用（导流建筑物费用与淹没基坑费用之和）却较省，所以是合理的。

采用允许基坑淹没的导流方案时，导流费用最低的导流设计流量，必须经过技术经济比较才能确定。

任务 2　导流方案与导流建筑物

目标：(1)掌握施工导流的方式及其特点，理解导流建筑物的类型与布置；

(2)能够根据基本资料拟订可行的导流方案，并选择导流建筑物。

执行过程：导流方案拟订→选择导流建筑物。

要点：(1)导流方案的选择；

(2)导流建筑物选择。

提交成果：导流方案。

施工导流是水利水电枢纽总体设计的主要组成部分，是选定枢纽布置、永久建筑物型式、施工程序和施工总进度的重要因素。

施工导流贯穿于工程施工的全过程，导流设计要妥善解决从初期导流到后期导流（包括围堰挡水、坝体临时挡水、封堵导流泄水建筑物和水库蓄水）施工全过程中的挡、泄水问题，以保证在干地施工和施工期不影响或尽可能少影响水资源的合理使用。

施工过程中导流设计的主要任务是：周密地分析研究水文、地形、地质、水文地质、枢纽布置及施工条件等基本资料，在保证上述要求的前提下，选定导流标准、划分导流时段，确定导流设计流量；选定导流方案及导流建筑物的型式，确定导流建筑物的布置、构造及尺寸；拟定导流建筑物的修建、拆除、堵塞的施工方法，以及截断河床水流、拦洪度汛及基坑排水的措施等。

1　导流方案

河床上修建水利水电工程时，为了使水工建筑物能在干地施工，需要用围堰围护基坑，并将河水引向预定的泄水建筑物泄向下游，这就是施工导流。

施工导流的方法大体上分为两类：一类是全段围堰法导流（即河床外导流），另一类是分段围堰法导流（即河床内导流）。

1.1　全段围堰法导流

全段围堰法导流是在河床主体工程的上下游各建一道拦河围堰，使上游来水通过预先修筑的临时或永久泄水建筑物（如明渠、隧洞等）泄向下游，主体建筑物在排干的基坑中进行施工，主体工程建成或接近建成时再封堵临时泄水道。这种方法的优点是，工作面大，河床内的建筑物在一次性围堰的围护下建造，如能利用水利枢纽中的永久泄水建筑物导流，可大大节约工程投资。

全段围堰法按泄水建筑物的类型不同可分为明渠导流、隧洞导流、涵管导流等。

1.1.1 明渠导流

上下游围堰一次拦断河床形成基坑,保护主体建筑物干地施工,天然河道水流经河岸或滩地上开挖的导流明渠泄向下游的导流方式称为明渠导流。

1.1.1.1 明渠导流的适用条件

如坝址河床较窄,或河床覆盖层很深,分期导流困难,且具备下列条件之一者,可考虑采用明渠导流:

(1)河床一岸有较宽的台地、垭口或古河道;

(2)导流流量大,地质条件不适于开挖导流隧洞;

(3)施工期有通航、排冰、过木要求;

(4)总工期紧,不具备洞挖经验和设备。

国内外工程实践证明,在导流方案比较过程中,当明渠导流和隧洞导流均可采用时,一般倾向于明渠导流,这是因为明渠开挖可采用大型设备,加快施工进度,对主体工程提前开工有利。当施工期间河道有通航、过木和排冰要求时,明渠导流更是明显有利。

1.1.1.2 导流明渠布置

导流明渠布置分在岸坡上和滩地上两种布置型式,如图4-2所示。

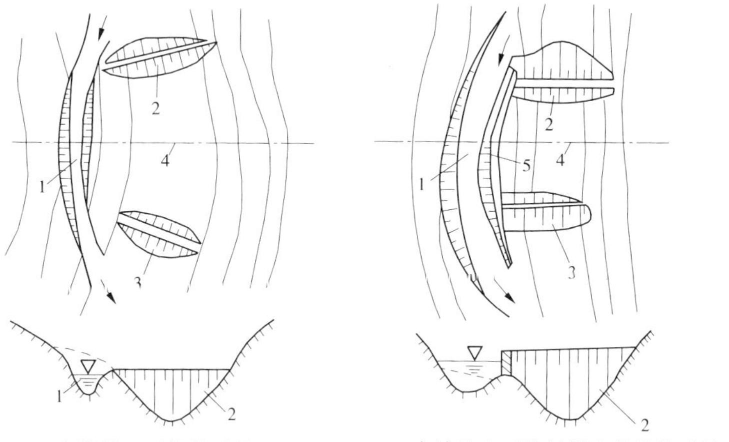

(a)在岸坡上开挖的明渠　　(b)在滩地上开挖并设有导墙的明渠

1—导流明渠;2—上游围堰;3—下游围堰;4—坝轴线;5—明渠外导墙

图4-2 明渠导流示意图

(1)导流明渠轴线的布置。导流明渠应布置在较宽台地、垭口或古河道一岸;渠身轴线要伸出上下游围堰外坡脚,水平距离要满足防冲要求,一般为50~100 m;明渠进出口应与上下游水流相衔接,与河道主流的交角以30°为宜;为保证水流畅通,明渠转弯半径应大于5倍渠底宽;明渠轴线布置应尽可能缩短明渠长度和避免深挖方。

(2)明渠进出口位置和高程的确定。明渠进出口力求不冲、不淤和不产生回流,可通过水力学模型试验调整进出口形状和位置,以达到这一目的;进口高程按截流设计选择,出口高程一般由下游消能控制;进出口高程和渠道水流流态应满足施工期通航、过木和排冰要求;在满足上述条件下,尽可能抬高进出口高程,以减少水下开挖量。

1.1.1.3 导流明渠断面设计

(1)明渠断面尺寸的确定。明渠断面尺寸由设计导流流量控制,并受地形地质和允许抗冲流速影响,应按不同的明渠断面尺寸与围堰的组合,通过综合分析确定。

(2)明渠断面形式的选择。明渠断面一般设计成梯形,渠底为坚硬基岩时,可设计成矩形。有时为满足截流和通航的不同目的,也可设计成复式梯形断面。

(3)明渠糙率的确定。明渠糙率直接影响到明渠的泄水能力,而影响糙率大小的因素有衬砌的材料、开挖的方法、渠底的平整度等,可根据具体情况查阅有关手册确定,对大型明渠工程,应通过模型试验选取糙率。

1.1.1.4 明渠封堵

导游明渠结构布置应考虑后期封堵要求。当施工期有通航、放木和排冰任务,明渠较宽时,可在明渠内预设闸门墩,以利于后期封堵。施工期无通航、过木和排冰任务时,应于明渠通水前,将明渠坝段施工到适当高程,并设置导流底孔和坝面口,使二者联合泄流。

1.1.2 隧洞导流

上下游围堰一次拦断河床形成基坑,保护主体建筑物干地施工,天然河道水流全部由导流隧洞宣泄的导流方式称为隧洞导流。

1.1.2.1 隧洞导流适用条件

导流流量不大,坝址河床狭窄,两岸地形陡峻,如一岸或两岸地形、地质条件良好,可考虑采用隧洞导流。

1.1.2.2 导流隧洞布置

导流隧洞的布置如图4-3所示。

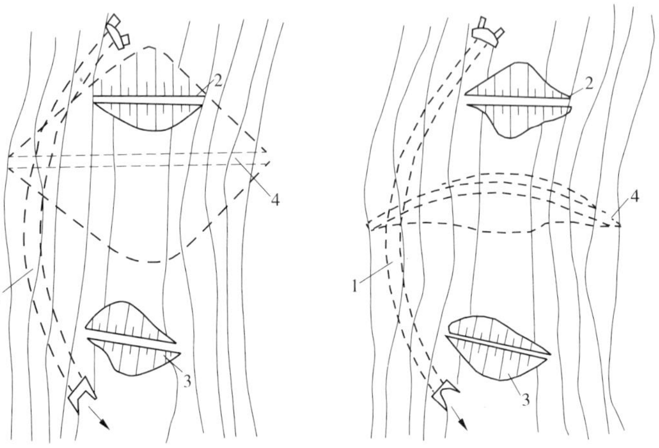

(a)土石坝　　(b)混凝土坝

1—导流隧洞;2—上游围堰;3—下游围堰;4—主坝

图4-3 隧洞导流示意图

(1)隧洞轴线沿线地质条件良好,足以保证隧洞施工和运行的安全。

(2)隧洞轴线宜按直线布置,如有转弯时,转弯半径不小于5倍洞径(或洞宽),转角不宜大于60°,弯道首尾应设直线段,长度不应小于3~5倍的洞径(或洞宽);进出口引渠轴线与河流主流方向夹角宜小于30°。

(3)隧洞间净距、隧洞与永久建筑物间距、洞脸与洞顶围岩厚度均应满足结构和应力要求。

(4)隧洞进出口位置应保证水力学条件良好，并伸出堰外坡脚一定距离，一般距离应大于50 m，以满足围堰的防冲要求。进口高程多由截流控制，出口高程由下游消能控制，洞底按需要设计成缓坡或急坡，避免成反坡。

1.1.2.3 导流隧洞断面设计

隧洞断面尺寸的大小，取决于设计流量、地质和施工条件，洞径应控制在施工技术和结构安全允许范围内，目前国内单洞断面尺寸多在200 m^2 以下，单洞泄量不超过2 000～2 500 m^3/s。

隧洞断面形式取决于地质条件、隧洞工作状况(有压或无压)及施工条件，常用断面形式有圆形、马蹄形、城门洞形，如图4-4所示。圆形多用于高水头处，马蹄形多用于地质条件不良处，方圆形有利于截流和施工，国内外导流隧洞多采用城门洞形。

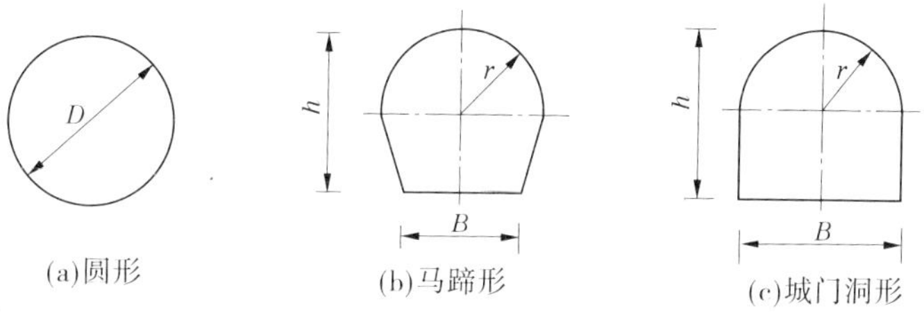

图4-4 隧洞断面形式

洞身设计中，糙率 n 值的选择是十分重要的问题，糙率的大小直接影响到断面的大小，而衬砌与否、衬砌的材料和施工质量、开挖的方法和质量则是影响糙率大小的因素。一般混凝土衬砌糙率值为0.014～0.017；不衬砌隧洞的糙率变化较大，光面爆破时为0.025～0.032，一般炮眼爆破时为0.035～0.044。设计时根据具体条件，查阅有关手册，选取设计的糙率值。对重要的导流隧洞工程，应通过水工模型试验验证其糙率的合理性。

导流隧洞设计应考虑后期封堵要求，布置封堵闸门门槽及启闭平台设施。有条件者，导流隧洞应与永久隧洞结合，以利节省投资(如小浪底工程的三条导流隧洞后期将改建为三条孔板消能泄洪洞)。一般高水头枢纽，导流隧洞只可能与永久隧洞部分相结合，中低水头则有可能全部相结合。

1.1.3 涵管导流

涵管导流一般在修筑土坝、堆石坝工程中采用。

涵管通常布置在河岸岩滩上，其位置在枯水位以上，这样可在枯水期不修围堰或只修一小围堰而先将涵管筑好，然后修上下游全断围堰，将河水引经涵管下泄，如图4-5所示。

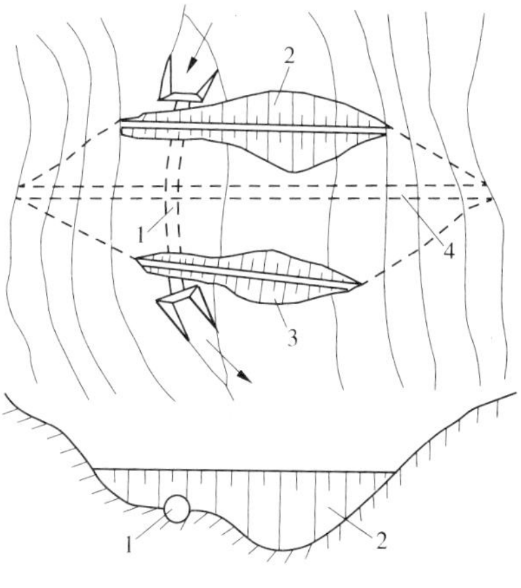

1—导流涵管；2—上游围堰；3—下游围堰；4—土石坝

图4-5 涵管导流示意图

涵管一般是钢筋混凝土结构。当有永久涵

管可以利用或修建隧洞有困难时,采用涵管导流是合理的。在某些情况下,可在建筑物基岩中开挖沟槽,必要时予以衬砌,然后封上混凝土或钢筋混凝土顶盖,形成涵管。利用这种涵管导流往往可以获得经济可靠的效果。由于涵管的泄水能力较低,所以一般用于导流流量较小的河流上或只用来担负枯水期的导流任务。

为了防止涵管外壁与坝身防渗体之间的渗流,通常在涵管外壁每隔一定距离设置截流环,以延长渗径,降低渗透坡降,减少渗流的破坏作用。此外,必须严格控制涵管外壁防渗体的压实质量。涵管管身的温度缝或沉陷缝中的止水必须认真施工。

1.2　分段围堰法导流

分段围堰法,也称分期围堰法或河床内导流,就是用围堰将建筑物分段分期围护起来进行施工的方法。图 4-6 是一种常见的分段围堰法导流示意图。

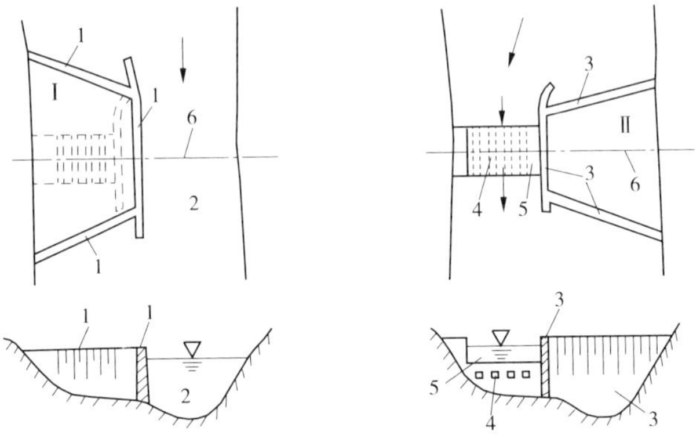

(a)一期导流(束窄河床导流)　(b)二期导流(底孔与缺口导流)

1—一期围堰;2—束窄河床;3—二期围堰;
4—导流底孔;5—坝体缺口;6—坝轴线

图 4-6　分期导流布置示意

所谓分段,就是从空间上将河床围护成若干个干地施工的基坑段进行施工。所谓分期,就是从时间上将导流过程划分成阶段。如图 4-7 所示为导流分期和围堰分段的几种情况,从图中可以看出,导流的分期数和围堰的分段数并不一定相同,因为在同一导流分期中,建筑物可以在一段围堰内施工,也可以同时在不同段内施工。必须指出,段数分得越多,围堰工程量越大,施工也越复杂;同样,期数分得越多,工期有可能拖得越长。因此,在工程实践中,二段二期导流法采用得最多(如葛洲坝工程、三门峡工程等都采用)。只有在比较宽阔的通航河道上施工,不允许断航或其他特殊情况下,才采用多段多期导流法(如三峡工程施工导流就采用二段三期的导流法)。

分段围堰法导流一般适用于河床宽阔、流量大、施工期较长的工程,尤其在通航河流和冰凌严重的河流上。这种导流方法的费用较低,国内外一些大中型水利水电工程采用较广。分段围堰法导流,前期由束窄的原河道导流,后期可利用事先修建好的泄水道导流,常见泄水道的类型有底孔、缺口等。

1.2.1　底孔导流

利用设置在混凝土坝体中的永久底孔或临时底孔作为泄水道,是二期导流经常采用

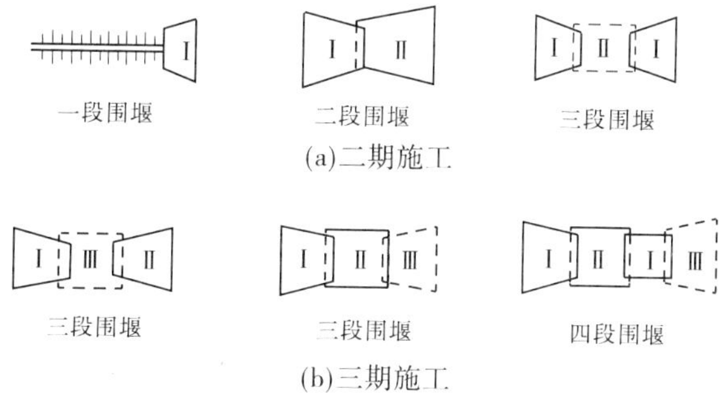

Ⅰ、Ⅱ、Ⅲ—施工分期

图4-7 导流分期与围堰分段示意

的方法。导流时让全部或部分导流流量通过底孔宣泄到下游，保证后期工程的施工。如系临时底孔，则在工程接近完工或需要蓄水时要加以封堵。底孔导流的布置型式如图4-8所示。

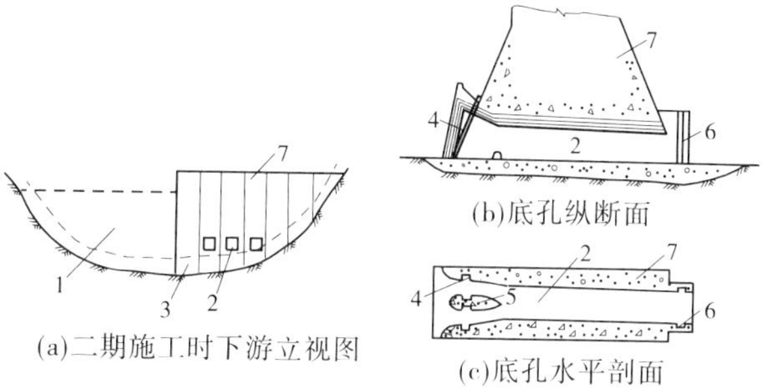

1—二期修建坝体；2—底孔；3—二期纵向围堰；4—封闭闸门门槽；
5—中间墩；6—出口封闭门槽；7—已浇筑的混凝土坝体

图4-8 底孔导流

采用临时底孔时，底孔的尺寸、数目和布置，要通过相应的水力学计算确定，其中底孔的尺寸在很大程度上取决于导流的任务（过水、过船、过木和过鱼），以及水工建筑物结构特点和封堵用闸门设备的类型。底孔的布置要满足截流、围堰工程以及本身封堵的要求。如底坎高程布置较高，截流时落差就大，围堰也高。但封堵时的水头较低，封堵措施就容易。一般底孔的底坎高程应布置在枯水位之下，以保证枯水期泄水。当底孔数目较多时，可把底孔布置在不同的高程，封堵时从最低高程的底孔堵起，这样可以减少封堵时所承受的水压力。

临时底孔的断面形状多采用矩形，为了改善孔周的应力状况，也可采用有圆角的矩形。按水工结构要求，孔口尺寸应尽量小，但某些工程由于导游流量较大，只好采用尺寸较大的底孔，如表4-4所列。

表 4-4　水利水电工程导流底孔尺寸

工程名称	底孔尺寸（宽×高，m×m）	工程名称	底孔尺寸（宽×高，m×m）
新安江（浙江省）	10×13	石泉（陕西省）	7.5×10.41
黄龙滩（湖北省）	8×11	白山（吉林省）	9×14.2

底孔导流的优点是挡水建筑物上部的施工可以不受水流的干扰，有利于均衡连续施工，这对修建高坝特别有利。若坝体内设有永久底孔可以用来导流，更为理想。底孔导流的缺点是：由于坝体内设置了临时底孔，使钢材用量增加；如果封堵质量不好，会削弱坝体的整体性，还有可能漏水；在导流过程中底孔有被漂浮物堵塞的危险；封堵时由于水头较高，安放闸门及止水等均较困难。

1.2.2　坝体缺口导流

混凝土坝施工过程中，当汛期河水暴涨暴落，其他导流建筑物不足以宣泄全部流量时，为了不影响坝体施工进度，使坝体在涨水时仍能继续施工，可以在未建成的坝体上预留缺口，如图 4-9 所示，以便配合其他建筑物宣泄洪峰流量，待洪峰过后，上游水位回落，再继续修筑缺口。所留缺口的宽度和高度取决于导流设计流量、其他建筑物的泄水能力、建筑物的结构特点和施工条件。采用底坎高程不同的缺口时，为避免高底缺口单宽流量相差过大，产生高缺口向低缺口的侧向泄流，引起压力分布不均匀，需要适当控制高低缺口间的高差。根据湖南省柘溪工程的经验，其高差以不超过 4～6 m 为宜。

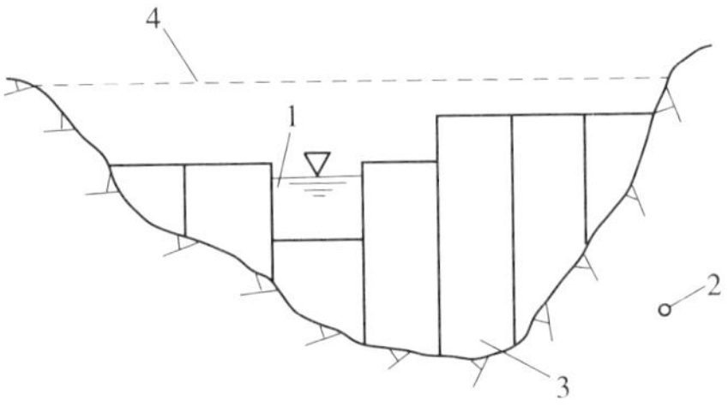

1—过水缺口；2—导流隧洞；3—坝体；4—坝顶

图 4-9　坝体缺口过水示意

在修建混凝土坝，特别是大体积混凝土坝时，由于这种导流方法比较简单，常被采用。

上述两种导流方式，一般只适用于混凝土坝，特别是重力式混凝土坝枢纽。至于土石坝或非重力式混凝土坝枢纽，采用分段围堰法导流，常与隧洞导流、明渠导流等河床外导流方式相结合。

2　导流建筑物

围堰是导流工程中临时的挡水建筑物，用来围护施工中的基坑，保证水工建筑物能在干地施工。在导流任务结束后，如果围堰对永久建筑物的运行有妨碍或没有考虑作为永久建筑物的一部分时，应予拆除。

水利水电工程中经常采用的围堰，按其所使用的材料，可以分为土石围堰、混凝土围堰、钢板桩格型围堰和草土围堰等。

按围堰与水流方向的相对位置，可分为横向围堰和纵向围堰。

按导流期间基坑淹没条件，可以分为过水围堰和不过水围堰。过水围堰除需要满足一般围堰的基本要求，还要满足围堰顶过水的专门要求。

选择围堰型式时，必须根据当时当地的具体条件，在满足下述基本要求的原则下，通过技术经济比较加以选定：

(1)具有足够的稳定性、防渗性、抗冲性和一定的强度。

(2)造价便宜，构造简单，修建、维护和拆除方便。

(3)围堰的布置应力求使水流平顺，不发生严重的水流冲刷。

(4)围堰接头和岸边联接都要安全可靠，不致因集中渗漏等破坏作用而引起围堰失事。

(5)有必要时应设置抵抗冰凌、船筏的冲击和破坏的设施。

2.1　围堰的基本型式和构造

2.1.1　土石围堰

土石围堰是水利水电工程中采用最为广泛的一种围堰型式，如图4-10所示，是用当地材料填筑而成的围堰，不仅可以就地取材和充分利用开挖弃料作围堰填料，而且构造简单，施工方便，易于拆除，工程造价低，可以在流水中、深水中、岩基或有覆盖层的河床上修建。但其工程量较大，堰身沉陷变形也较大，如柘溪水电站的土石围堰一年中累计沉陷量最大达40.1 cm，为堰高的1.75%，一般为0.8%～1.5%。

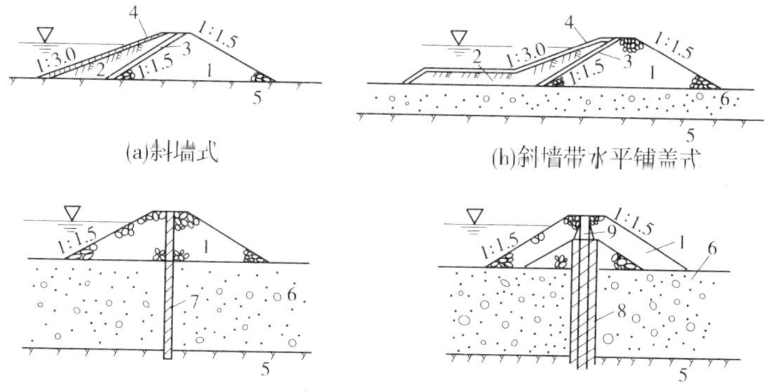

(a)斜墙式　(b)斜墙带水平铺盖式

(c)垂直防渗墙式　(d)灌浆帷幕式

1—堆石体；2—黏土斜墙、铺盖；3—反滤层；4—护面；5—隔水层；6—覆盖层；7—垂直防渗墙；8—灌浆帷幕；9—黏土心墙

图4-10　土石围堰

因土石围堰断面较大，一般用于横向围堰，但在宽阔河床的分期导流中，由于围堰束窄河床增加的流速不大，也可作为纵向围堰，但需注意防冲设计，以保围堰安全。

土石围堰的设计与土石坝基本相同，但其结构型式在满足导流期正常运行的情况下应力求简单，便于施工。

2.1.2　混凝土围堰

混凝土围堰的抗冲与抗渗能力强，挡水水头高，底宽小，易于与永久混凝土建筑物相连接，必要时还可以过水，因此采用得比较广泛。在国外，采用拱形混凝土围堰的工程较多。近年,国内贵州省的乌江渡、湖南省凤滩等水利水电工程也采用过拱型混凝土围堰作为横向围堰,但多数还是以重力式围堰作纵向围堰,如我国的三门峡、丹江口、三峡工程的混凝土纵向围堰均为重力式混凝土围堰。

2.1.2.1　拱型混凝土围堰(见图 4-11)

拱型混凝土围堰一般适用于两岸陡峻、岩石坚实的山区河流,常采用隧洞及允许基坑淹没的导流方案。通常围堰的拱座是在枯水期的水面以上施工的。对围堰的基础处理,当河床的覆盖层较薄时,需进行水下清基;若覆盖层较厚,则可灌注水泥浆防渗加固。堰身的混凝土浇筑则要进行水下施工,因此难度较高。在拱基两侧要回填部分砂砾料,以利灌浆,形成阻水帷幕。

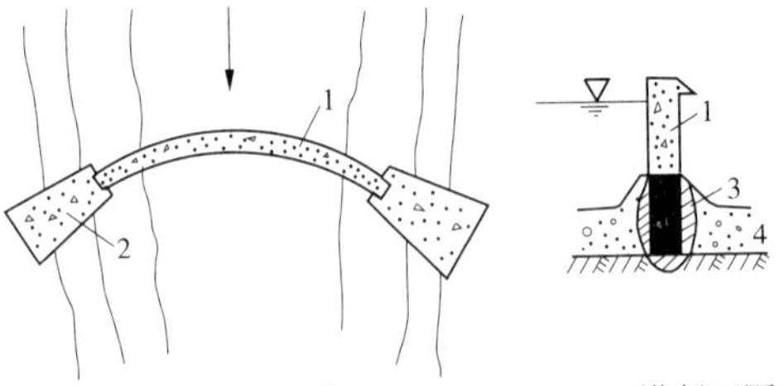

(a)平面图　　(b)横断面图

1—拱身;2—拱座;3—灌浆帷幕;4—覆盖层

图 4-11　拱型混凝土围堰

拱形混凝土围堰由于利用了混凝土抗压强度高的特点,与重力式相比,断面较小,可节省混凝土的工程量。

2.1.2.2　重力式混凝土围堰

采用分段围堰法导流时,重力式混凝土围堰往往可兼作第一期和第二期纵向围堰,两侧均能挡水,还能作为永久建筑物的一部分,如隔墙、导墙等。

重力式围堰可做成普通的实心式,与非溢流重力坝类似,也可做成空心式,如三门峡工程的纵向围堰,如图 4-12 所示。

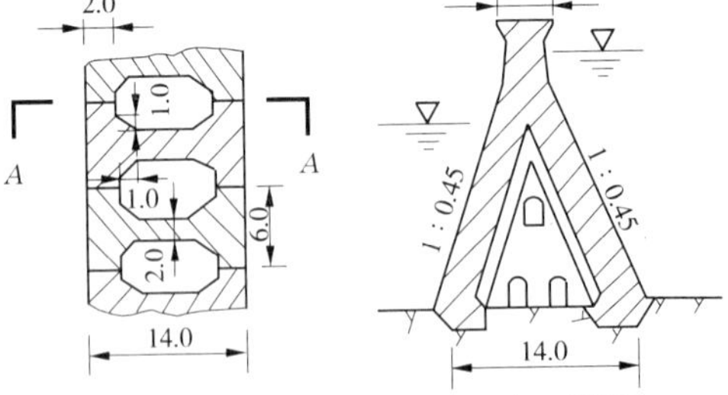

(a)平面图　　(b)A—A剖面

图 4-12　三门峡工程的纵向围堰　(单位:m)

纵向围堰需抗御高速水流的冲刷,所以一般均修建在岩基上。为保证混凝土的施工质量,一般可将围堰布置在枯水期出露的岩滩上。如果这样还不能保证干地施工,则通常需另修土石低水围堰加以围护。

重力式混凝土围堰现在有普遍采用碾压混凝土浇筑的趋势,如三峡工程三期游横向围堰及纵向围堰均采用碾压混凝土。

2.1.3　钢板桩围堰

钢板桩格型围堰是重力式挡水建筑物，由一系列彼此相接的格体构成，按照格体的平面形状，可分为筒形格体、扇形格体和花瓣形格体。这些型式适用于不同的挡水高度，应用较多的是圆筒形格体。图4-13所示为钢板桩格型围堰的平面示意图。它是由许多钢板桩通过锁口互相连接而成为格形整体。钢板桩的锁口有握裹式、互握式和倒钩式三种（见图4-14）。格体内填充透水性强的填料，如砂、砂卵石或石渣等。在向格体内进行填料时，必须保持各格体内的填料表面大致均衡上升，因高差太大会使格体变形。

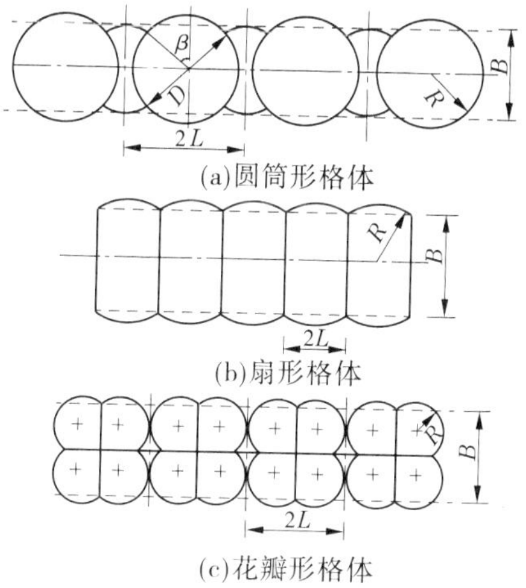

图4-13　钢板桩格型围堰平面形式

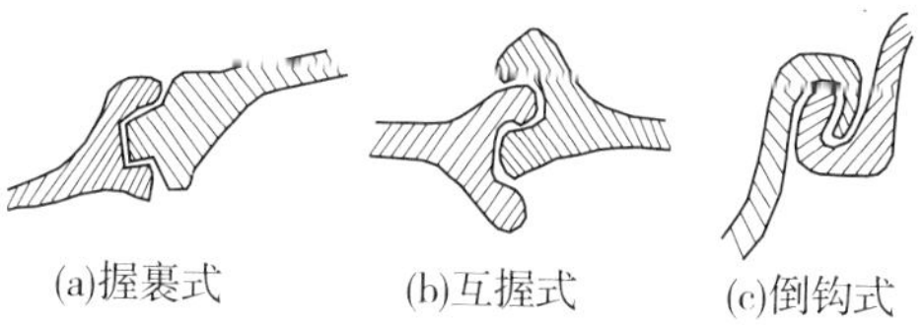

图4-14　钢板桥桩锁口示意图

钢板桩格型围堰具有坚固、抗冲、抗渗、围堰断面小、便于机械化施工等优点；钢板桩的回收率高，可达70%以上；尤其适用于束窄度大的河床段作为纵向围堰，但由于需要大量的钢材，且施工技术要求高，我国目前仅应用于大型工程中。

圆筒形格体钢板桩围堰一般适用的挡水高度小于15～18 m，可以建在岩基上或非岩基上，也可作为过水围堰用。

圆筒形格体钢板桩围堰的修建由定位、打设模架支柱、模架就位、安插钢板桩、打设钢板桩、填充料渣、取出模架及其支柱和填充料渣到设计高程等工序组成（见图4-15）。圆筒形格体钢板桩围堰一般需在流水中修筑，受水位变化和水面波动的影响较大，施工难度较大。

2.1.4　草土围堰

草土围堰是一种以麦草、稻草、芦柴、柳枝和土为主要原料的草土混合结构，如图4-16

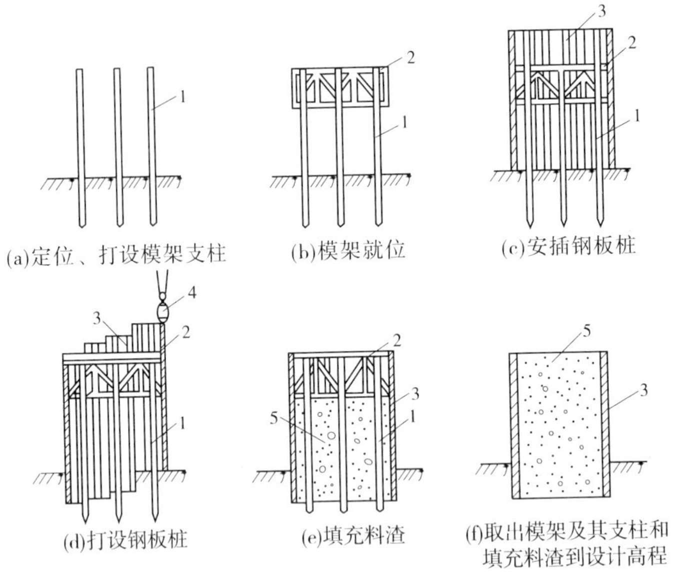

1—支柱;2—模架;3—钢板桩;4—打桩机;5—填料

图 4-15　圆筒形格体钢板桩围堰施工程序图

所示,我国运用它已经有两千多年的历史。这种围堰主要用于黄河流域的渠道春修堵口工程中,新中国成立后,在青铜峡、盐锅峡、八盘峡等工程中,以及南方的黄坛口工程中均得到应用。

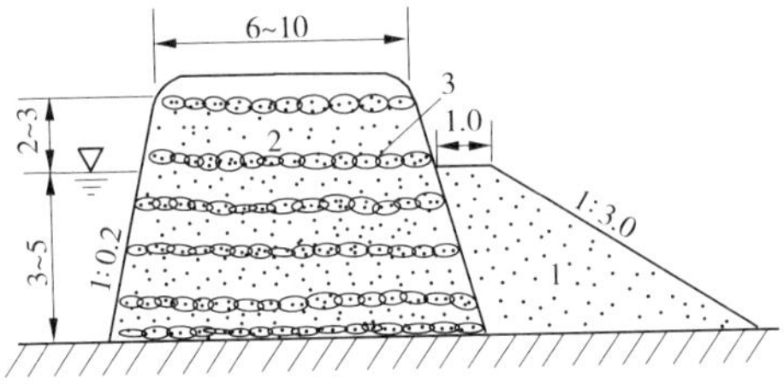

1—戗土;2—土料;3—草捆

图 4-16　草土围堰断面　(单位:m)

草土围堰施工简单,速度快,取材容易,造价低,拆除也方便,具有一定的抗冲、抗渗能力,堰体的容重较小,特别适用于软土地基。但这种围堰不能承受较大的水头,所以仅限于水深不超过 6 m、流速不超过 3.5 m/s,使用期两年以内的工程。草土围堰的施工方法比较特殊,就其实质来说也是一种进占法。按其所用草料型式的不同,可以分为散草法、捆草法、埽捆法三种。按其施工条件可分为水中填筑和干地填筑两种。由于草土围堰本身的特点,水中填筑质量比干地填筑容易保证,这是与其他围堰所不同的,实践中的草土围堰普遍采用捆草法施工。图 4-17 是草土围堰施工的示意图。

2.2　围堰的平面布置

围堰的平面布置主要包括堰内基坑范围确定和围堰轮廓布置两个问题。

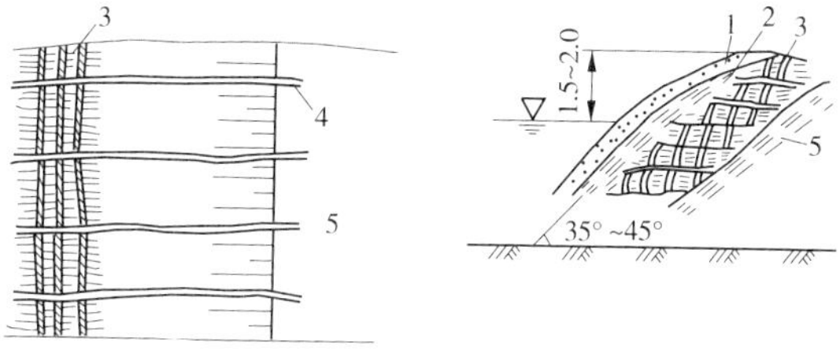

(a)围堰进占平面图　　(b)围堰进占纵断面图

1—黏土;2—散草;3—草捆; 4—草绳;5—河岸线或堰体

图 4-17 草土围堰施工示意图 (单位:m)

2.2.1 围堰内基坑范围确定

堰内基坑范围大小主要取决于主体工程的轮廓和相应的施工方法。当采用一次拦断法导流时,围堰基坑是由上下游围堰和河床两岸围成的。当采用分期导流时,围堰基坑由纵向围堰与上下游横向围堰围成。在上述两种情况下,上下游横向围堰的布置都取决于主体工程的轮廓。通常基坑坡趾距离主体工程轮廓的距离不应小于 20 ~ 30 m,以便布置排水设施、交通运输道路、堆放材料和模板等,如图 4-18 所示。至于基坑开挖边坡的大小,则与地质条件有关。

当纵向围堰不作为永久建筑物的一部分时,基坑坡趾距离主体工程轮廓的距离一般不小于 2.0 m,以便布置排水导流系统和堆放模板,如果无此要求,只需留 0.4 ~ 0.6 m,如图 4-18(c)所示。

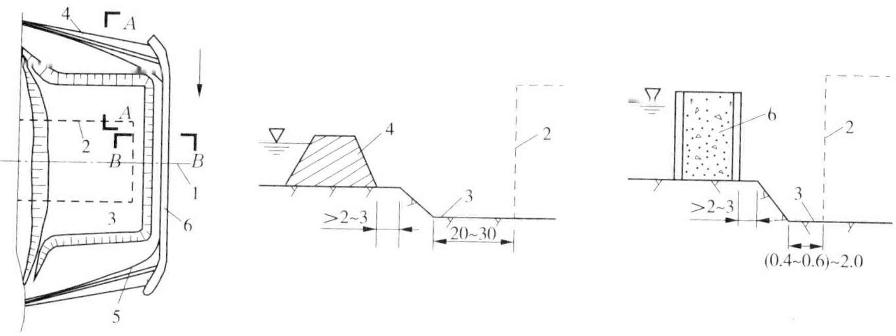

(a)平面图　　(b)A—A剖面　　(c)B—B剖面

1—主体工程轴线;2—主体工程轮廓;3—基坑;

4—上游横向围堰;5—下游横向围堰;6—纵向围堰

图 4-18 围堰布置与基坑范围示意图 (单位:m)

实际工程的基坑形状和大小往往是很不相同的。有时可以利用地形以减少围堰的高度和长度;有时为照顾个别建筑物施工的需要,将围堰轴线布置成折线形;有时为了避开岸边较大的溪沟,也采用折线布置。为了保证基坑开挖和主体建筑物的正常施工,基坑范围应当留有一定富余。

2.2.2 分期导流纵向围堰布置

在分期导流方式中,纵向围堰布置是施工中的关键问题, 选择纵向围堰位置,实际上就是要确定适宜的河床束窄度。束窄度就是天然河流过水面积被围堰束窄的程度，一般可用下式表示：

$$K = \frac{A_2}{A_1} \times 100\% \tag{4-1}$$

式中 K——河床的束窄程度（一般取 47% ~68%）（%）；

A_1——原河床的过水面积，m^2；

A_2——围堰和基坑所占据的过水面积，m^2。

适宜的纵向围堰位置与以下主要因素有关。

2.2.2.1 地形地质条件

河心洲、浅滩、小岛、基岩露头等，都是可供布置纵向围堰的有利条件，这些部位便于施工，并有利于防冲保护。例如，三门峡工程曾巧妙地利用了河心的几个礁岛布置纵、横围堰，如图 4-19 所示。葛洲坝工程施工初期，也曾利用江心洲葛洲坝作为天然的纵向围堰。三峡工程利用江心洲三斗坪作为纵向围堰的一部分。

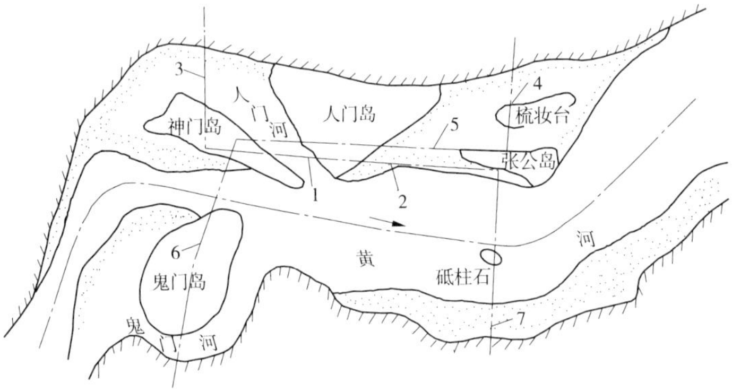

1、2——一期纵向低水围堰；3——一期上游横向高水围堰；4——一期下游横向高水围堰；
5—纵向混凝土围堰；6—二期上游横向围堰；7—二期下游横向围堰

图 4-19 三门峡工程的围堰布置

2.2.2.2 水工布置

尽可能利用厂坝、厂闸、闸坝等建筑物之间的隔水导墙作为纵向围堰的一部分。例如，葛洲坝工程就是利用厂闸导墙，三峡、三门峡、丹江口则利用厂坝导墙作为二期纵向围堰的一部分。

2.2.2.3 河床允许束窄度

允许束窄度主要与河床地质条件和通航要求有关。对于非通航河道，如河床易冲刷，一般均允许河床产生一定程度的变形，只要能保证河岸、围堰堰体和基础免受淘刷即可。束窄流速常可允许达到 3 m/s 左右，岩石河床允许束窄度主要视岩石的抗冲流速而定。

对于一般性河流和小型船舶，当缺乏具体研究资料时，可参考以下数据：当流速小于 2.0 m/s 时，机动木船可以自航；当流速小于 3.0 ~3.5 m/s，且局部水面集中落差不大于 0.5 m 时，拖轮可自航，木材流放最大流速可考虑为 3.5 ~4.0 m/s。

2.2.2.4 导流过水要求

进行一期导流布置时，不但要考虑束窄河道的过水条件，而且要考虑二期截流与导流的要求。主要应考虑的问题是，一期基坑中能否布置下宣泄二期导流流量的泄水建筑物；由一期转入二期施工时的截流落差是否太大。

2.2.2.5 施工布局的合理性

各期基坑中的施工强度应尽量均衡。一期工程施工强度可比二期低些，但不宜相差太悬殊。如有可能，分期分段数应尽量少一些。导流布置应满足总工期的要求。

以上五个方面，仅仅是选择纵向围堰位置时应考虑的主要问题。如果天然河槽呈对称形状，没有明显有利的地形地质条件可供利用，可以通过经济比较方法选定纵向围堰的适宜位置，使一、二期总的导流费用最小。

分期导流时，上下游围堰一般不与河床中心线垂直，围堰的平面布置常呈梯形，既可使水流顺畅，同时也便于运输道路的布置和衔接。当采用一次拦断法导流时，上、下游围堰不存在突出的绕流问题，为了减少工程量，围堰多与主河道垂直。

纵向围堰的平面布置形状，对过水能力有较大影响。但是，围堰的防冲安全，通常比前者更重要。实践中常采用流线型和挑流式布置。

2.3 围堰的拆除

围堰是临时建筑物，导流任务完成后，应按设计要求拆除，以免影响永久建筑物的施工及运转。例如，在采用分段围堰法导流时，第一期横向围堰的拆除，如果不合要求，势必会增加上、下游水位差，从而增加截流工作的难度，增大截流料物的重量及数量。这类经验教训在国内外是不少的，如苏联的伏尔谢水电站截流时，上下游水位差是 1.88 m，其中由于引渠和围堰没有拆除干净，造成的水位差就有 1.73 m。又如下游围堰拆除不干净，会抬高尾水位。影响水轮机的利用水头，浙江省富春江水电站曾受此影响，降低了水轮机出力，造成不应有的损失。

土石围堰相对来说断面较大，拆除工作一般是在运行期限的最后一个汛期过后，随上游水位的下降，逐层拆除围堰的背水坡和水上部分，如图 4-20 所示。但必须保证依次拆除后所残留的断面能继续挡水和维持稳定，以免发生安全事故，使基坑过早淹没，影响施工。土石围堰的拆除一般可用挖土机或爆破开挖等方法。

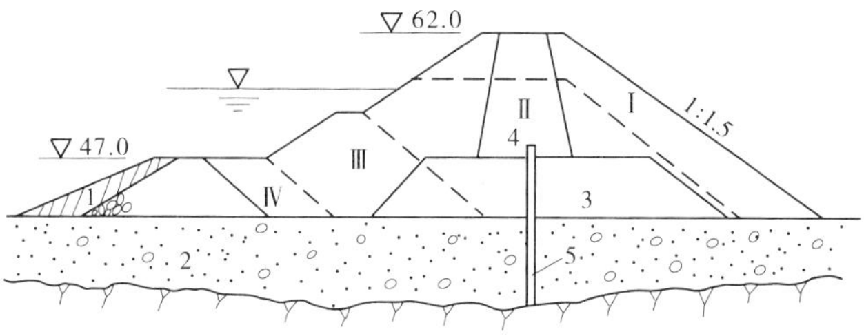

1—黏土斜墙；2—覆盖层；3—堆渣；4—心墙；5—防渗墙

图 4-20 葛洲坝一期土石围堰的拆除程序

钢板桩格型围堰的拆除，首先要用抓斗或吸石器将填料清除，然后用拔桩机起拔钢板桩。混凝土围堰的拆除一般只能用爆破法炸除，但应注意，必须使主体建筑物或其他设施不受爆破危害。

3 导流方案的选择

水利水电枢纽工程的施工,从开工到完建往往不是采用单一的导流方法,而是几种导流方法组合起来配合运用,以取得最佳的技术经济效果。例如,三峡工程采用分期导流方式,分三期进行施工,第一期土石围堰围护右岸汊河,江水和船舶从主河槽通过;第二期围护主河槽,江水经导流明渠泄向下游;第三期修建碾压混凝土围堰拦断明渠,江水经由泄洪坝段的永久深孔和22个临时导流底孔下泄。这种不同导流时段、不同导流方法的组合,通常就称为导流方案。

导流方案的选择受各种因素的影响。合理的导流方案,必须在周密地研究各种影响因素的基础上,拟订几个可能的方案,进行技术经济比较,从中选择技术经济指标优越的方案。

选择导流方案时考虑的主要因素如下。

3.1 水文条件

河流的流量大小、水位变化的幅度、全年流量的变化情况、枯水期的长短、汛期洪水的延续时间、冬季的流冰及冰冻情况等,均直接影响导流方案的选择。一般来说,对于河床单宽流量大的河流,宜采用分段围堰法导流。对于水位变化幅度大的山区河流,可采用允许基坑淹没的导流方法,在一定时期内通过过水围堰和淹没基坑来宣泄洪峰流量。对于枯水期较长的河流,充分利用枯水期安排工程施工是完全必要的。但对于枯水期不长的河流,如果不利用洪水期进行施工,就会拖延工期。对于流冰的河流,应充分注意流冰的宣泄问题,以免流冰壅塞,影响宣流,造成导流建筑物失事。

3.2 地形条件

坝区附近的地形条件对导流方案的选择影响很大。对于河床宽阔的河流,尤其在施工期间有通航、过木要求的情况,宜采用分段围堰法导流;当河床中有天然石岛或沙洲时,采用分段围堰法导流,更有利于导流围堰的布置,特别是纵向围堰的布置。例如,三峡水利枢纽的施工导流就曾利用了长江中的中堡岛来布置一期纵向围堰,取得了良好的技术经济效果。在河段狭窄、两岸陡峻、山岩坚实的地区,宜采用隧洞导流。至于平原河道,河流的两岸或一岸比较平坦,或有河湾、老河道可资利用时,则宜采用明渠导流。

3.3 地质及水文地质条件

河流两岸及河床的地质条件对导流方案的选择与导流建筑物的布置有直接影响。若河流两岸或一岸岩石坚硬、风化层薄且有足够的抗压强度,则有利于选用隧洞导流。如果岩石的风化层厚且破碎,或有较厚的沉积滩地,则适合于采用明渠导流。由于河床的束窄,减小了过水断面的面积,使水流流速增大,这时为了河床不受过大的冲刷,避免把围堰基础淘空,应根据河床地质条件来决定河床可能束窄的程度。对于岩石河床,抗冲刷能为较强。河床允许束窄程度较大,甚至可达到88%,流速有增加到7.5 m/s的,但对覆盖层较厚的河床,抗冲刷能力较差,其束窄程度都不到30%,流速仅允许达到3.0 m/s。此外,选择围堰型式,基坑能否允许淹没,能否利用当地材料修筑围堰等,也都与地质条件有关。水文地质条件则对基坑排水工作和围堰型式的选择有很大关系。因此,为了更好地进行导流方案的选择,要对地质和水文地质勘测工作提出专门要求。

3.4 水工建筑物的型式及其布置

水工建筑物的型式和布置与导流方案相互影响，因此在决定建筑物的型式和枢纽布置时，应该同时考虑并拟订导流方案，而在选定导流方案时，又应该充分利用建筑物型式和枢纽布置方面的特点。

如果枢纽组成中有隧洞、渠道、涵管、泄水孔等永久泄水建筑物，在选择导流方案时应该尽可能加以利用。在设计永久泄水建筑物的断面尺寸并拟订其布置方案时，应该充分考虑施工导流的要求。

采用分段围堰法修建混凝土坝枢纽时，应当充分利用水电站与混凝土坝之间或混凝土坝溢流段和非溢流段之间的隔墙作为纵向围堰的一部分，以降低导流建筑物的造价。在这种情况下，对于第二期工程所修建的混凝土坝，应该核算它是否能够布置二期工程导流建筑物（底孔、预留缺口）。例如，三门峡水利枢纽溢流坝段的宽度主要就是由二期导流条件所控制的，与此同时，为了防止河床冲刷过大，还应核算河床的束窄程度，保证有足够的过水断面来宣泄施工流量。

就挡水建筑物的型式来说，土坝、土石混合坝和堆石坝的抗冲能力小，除采用特殊措施外，一般不允许从坝身过水，所以多利用坝身以外的泄水建筑物如隧洞、明渠等或坝身范围内的涵管来导流，这时，通常要求在一个枯水期内将坝身抢筑到拦洪高程以上，以免水流漫顶，发生事故。至于混凝土坝，特别是混凝土重力坝，由于抗冲能力较强，允许流速达到25 m/s，故不但可以通过底孔泄流，而且可以通过未完建的坝身过水，使导流方案选择的灵活性大大增加。

3.5 施工期间河流的综合利用

施工期间，为了满足通航、筏运、渔业、供水、灌溉或水电站运转等的要求，使导流问题的解决更加复杂，如前所述，在通航河流上，大多采用分段围堰法导流。要求河流在束窄以后，河宽仍能便于船只的通行，水深要与船只吃水深度相适应，束窄断面的最大流速一般不得超过2.0 m/s，特殊情况需与当地航运部门协商研究确定。

对于浮运木筏或散材的河流，在施工导流期间，要避免木材壅塞泄水建筑物或者堵塞束窄河床。

在施工中后期，水库拦洪蓄水时，要注意满足下游供水、灌溉用水和水电站运行的要求，有时为了保证渔业的要求，还要修建临时的过鱼设施，以便鱼群能洄游。

3.6 施工进度、施工方法及施工场地布置

水利水电工程的施工进度与导流方案密切相关。通常是根据导流方案才能安排控制性进度计划，在水利水电枢纽施工导流过程中，对施工进度起控制作用的关键性时段主要有：导流建筑物的完工期限、截断河床水流的时间、坝体拦洪的期限、封堵临时泄水建筑物的时间以及水库蓄水发电的时间等。但各项工程的施工方法和施工进度又直接影响到各时段中导流任务的合理性和可能性。例如，在混凝土坝枢纽中，采用分段围堰施工时，若导流底孔没有建成，就不能截断河床水流和全面修建第二期围堰，若坝体没有达到一定高程和没有完成基础及坝体接缝灌浆以前，就不能封堵底孔和使水库蓄水等。因此，施工方法、施工进度与导流方案三者是密切相关的。

此外，导流方案的选择与施工场地的布置亦相互影响。例如，在混凝土坝施工中，当

混凝土生产系统布置在一岸时,以采用全段围堰法导流为宜。若采用分段围堰法导流,则应以混凝土生产系统所在的一岸作为第一期工程,因为这样两岸的交通运输问题比较容易解决。

在选择导流方案时,除综合考虑以上各方面因素外,还应使主体工程尽可能及早发挥效益,简化导流程序,降低导流费用,使导流建筑物既简单易行,又适用可靠。

任务 3　导流建筑物的水力计算

目标:(1)计算导流泄水建筑物的泄水能力;

(2)确定围堰堰顶高程。

执行过程:计算导流建筑物的泄水能力→确定围堰堰顶高程。

要点:导流水力计算、堰顶高程确定。

提交成果:水力计算说明书,堰顶高程。

1　导流水力计算

导流水力计算的主要任务是计算各种导流泄水建筑物的泄水能力,以便确定泄水建筑物的尺寸和围堰高程。隧洞导流水力计算见《水力学》教材。下面介绍束窄河床水位壅高计算。

分期导流围堰束窄河床后,使天然水流发生改变,在围堰上游产生水位壅高如图 4-21 所示,其值可采用如下近似公式(4-2)试算。即先假设上游水位 H_0 算出 Z 值,以 $Z+t_{cp}$ 与所设 H_0 比较,逐步修改 H_0 值,直至接近 $Z+t_{cp}$ 值,一般 2 ~3 次即可。

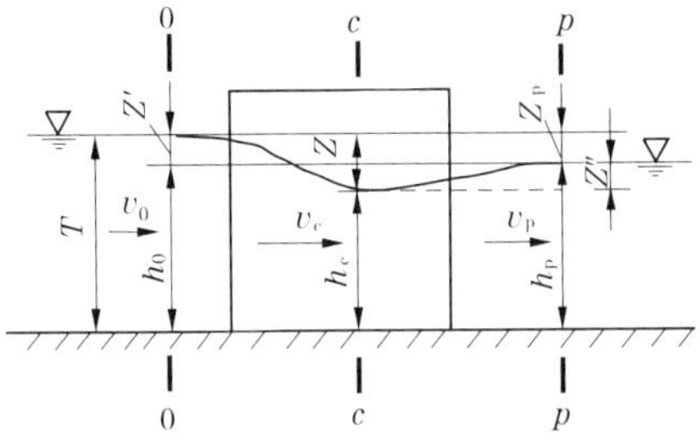

图 4-21　束窄河床水力计算简图

$$Z = \frac{1}{\varphi^2}\frac{v_c^2}{2g} - \frac{v_0^2}{2g} \tag{4-2}$$

$$v_c = \frac{Q}{W_c} \tag{4-3}$$

$$W_c = \varepsilon b_c t_{cp} \tag{4-4}$$

式中　Z——水位壅高,m;

v_0——行近流速,m/s;

g——重力加速度(取 9.80 m/s^2);

φ——流速系数(与围堰布置型式有关,见表4-5);

v_c——束窄河床平均流速,m/s;

Q——计算流量,m^3/s;

W_c——收缩断面有效过水断面面积,m^2;

b_c——束窄河段过水宽度,m;

t_{cp}——河道下游平均水深,m;

ε——过水断面侧收缩系数,单侧收缩时采用0.95,两侧收缩时采用0.90。

表4-5 不同围堰布置的 φ 值

布置形式	矩形	梯形	梯形且有导水墙	梯形且有上导水坝	梯形且有顺流丁坝
布置简图	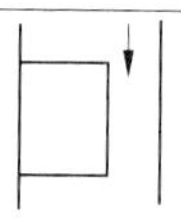	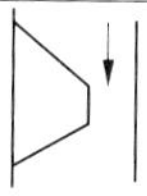	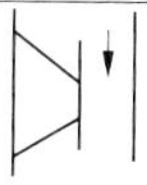	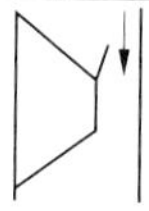	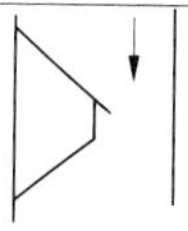
φ	0.70~0.80	0.80~0.85	0.85~0.90	0.70~0.80	0.80~0.85

2 堰顶高程的确定

堰顶高程的确定取决于导流设计流量及围堰的工作条件。

下游横向围堰堰顶高程可按下式计算:

$$H_d = h_d + \delta \tag{4-5}$$

式中 H_d——下游围堰的顶部高程,m;

h_d——下游水位高程,m,可直接由天然河道水位流量关系曲线查得;

δ——围堰的安全超高,一般结构不过水围堰可按表4-6查得,对于过水围堰取0.2~0.5 m。

上游围堰的堰顶高程由下式确定:

$$H_d = h_d + Z + h_a + \delta \tag{4-6}$$

式中 H_d——上游围堰顶部高程,m;

Z——上下游水位差,m;

h_a——波浪高度,可参照永久建筑物的有关规定和其他专业规范计算,一般情况可以不计,但应适当增加超高。

表4-6 不过水围堰堰顶安全超高下限值 (单位:m)

围堰形式	围堰级别	
	Ⅲ	Ⅳ~Ⅴ
土石围堰	0.7	0.5
混凝土围堰	0.4	0.3

纵向围堰的堰顶高程应与堰侧水面曲线相适应。通常纵向围堰顶面往往做成阶梯形或倾斜状,其上下游高程分别与相应的横向围堰同高。

任务4　施工排水

目标：(1)施工期排水量的确定；
(2)排水措施的选择。

执行过程：确定排水量→选择排水措施。

要点：排水量的确定，排水措施的选择。

提交成果：排水量计算说明书，确定排水方案。

修建水利水电工程时，在围堰合龙闭气以后，就要排除基坑内的积水和渗水，以保持基坑基本干燥状态，以利于基坑开挖、地基处理及建筑物的正常施工。

基坑排水工作按排水时间及性质，一般可分为：①基坑开挖前的初期排水，包括基坑积水、基坑积水排除过程中的围堰堰体与基础渗水和堰体及基坑覆盖层中的含水量，以及可能出现的降水的排除；②基坑开挖及建筑物施工过程中的经常性排水，包括围堰和基坑渗水、降水以及施工弃水量的排除。如按排水方法分，有明式排水和暗式排水两种。

1　明式排水

1.1　排水量的确定

1.1.1　初期排水量估算

初期排水主要包括基坑积水、围堰与基坑渗水两大部分。对于降雨，因为初期排水是在围堰或截流戗堤合龙闭气后立即进行的，通常是在枯水期内，而枯水期降雨很少，所以一般可不予考虑。除积水和渗水外，有时还需考虑填方和基础中的饱和水。

初期排水渗透流量原则上可按有关公式计算。但是，初期排水时的渗流量估算往往很难符合实际。因为，此时还缺乏必要的资料。通常不单独估算渗流量，而将其与积水排除流量合并在一起，依靠经验估算初期排水总流量 Q：

$$Q = Q_1 + Q_s = k\frac{V}{T} \tag{4-7}$$

式中　Q_1——积水排除的流量，m^3/s；

Q_s——渗水排除的流量，m^3/s；

V——基坑积水体积，m^3；

T——初期排水时间，s；

k——经验系数，主要与围堰种类、防渗措施、地基情况、排水时间等因素有关，根据国外一些工程的统计，取 $k = 4 \sim 10$。

基坑积水体积可按基坑积水面积和积水水深计算，这是比较容易的。但是，排水时间 T 的确定就比较复杂，排水时间 T 主要受基坑水位下降速度的限制，基坑水位的允许下降速度视围堰种类、地基特性和基坑内水深而定。水位下降太快，则围堰或基坑边坡中动水压力变化过大，容易引起坍坡。下降太慢，则影响基坑开挖时间。一般认为，土围堰的基坑水位下降速度应限制在 0.5～0.7 m/昼夜，木笼及板桩围堰等应小于 1.0～1.5 m/昼夜。初期排水时间，大型基坑一般可采用5～7 d，中型基坑一般不超过3～5 d。

通常，当填方和覆盖层体积不太大时，在初期排水且基础覆盖层尚未开挖时，可以不必计算饱和水的排除。如需计算，可按基坑内覆盖层总体积和孔隙率估算饱和水总水量。

按以上方法估算初期排水流量，选择抽水设备后，往往很难符合实际。在初期排水过程中，可以通过试抽法进行校核和调整，并为经常性排水计算积累一些必要资料。试抽时，如果水位下降很快，则显然是所选择的排水设备容量过大，此时应关闭一部分排水设备，使水位下降速度符合设计规定。试抽时若水位不变，则显然是设备容量过小或有较大渗漏通道存在。此时，应增加排水设备容量或找出渗漏通道予以堵塞，然后进行抽水。还有一种情况是水位降至一定深度后就不再下降，这说明此时排水流量与渗流量相等，据此可估算出需增加的设备容量。

1.1.2 经常性排水排水量的确定

经常性排水的排水量，主要包括围堰和基坑的渗水、降雨、地基岩石冲洗及混凝土养护用废水等。设计中一般考虑两种不同的组合，从中择其大者，以选择排水设备。一种组合是渗水加降雨，另一种组合是渗水加施工废水。降雨和施工废水不必组合在一起，这是因为二者不会同时出现。如果全部叠加在一起，显然太保守。

1.1.2.1 降雨量的确定

在基坑排水设计中，对降雨量的确定尚无统一的标准。大型工程可采用20年一遇3 d降雨中最大的连续6 h雨量，再减去估计的径流损失值(每小时1 mm)，作为降雨强度。也有的工程采用日最大降雨强度，基坑内的降雨量可根据上述计算降雨强度和基坑集雨面积求得。

1.1.2.2 施工废水

施工废水主要考虑混凝土养护用水，其用水量估算，应根据气温条件和混凝土养护的要求而定。一般初估时可按每立方米混凝土每次用水5 L，每天养护8次计算。

1.1.2.3 渗透流量计算

通常，基坑渗透总量包括围堰渗透量和基础渗透量两大部分。关于渗透量的详细计算方法，在水力学、水文地质和水工结构等论著中均有介绍，这里仅介绍估算渗透流量常用的一些方法，以供参考。

按照基坑条件和所采用的计算方法，有以下几种计算情况：

(1)基坑远离河岸不必设围堰时渗入基坑的全部流量 Q 的计算：首先按基坑宽长比 $\frac{B}{L}$ 将基坑区分为窄长形基坑($\frac{B}{L}\leqslant 0.1$)和宽阔基坑($\frac{B}{L}>0.1$)。前者按沟槽公式计算，后者则化为等效的圆井，按井的渗流公式计算。此时还可区分为无压完全井、无压不完全井、承压完全井、承压不完全井等情况，可参考有关水力学手册计算。

(2)筑有围堰时基坑渗透量的简化计算：和前一种情况相仿，也将基坑简化为等效圆井计算。常遇到的情况有以下两种：

①无压完整形基坑如图4-22所示。首先分别计算出上、下游面基坑的渗流量 Q_{1s} 和 Q_{2s}，然后相加，则得基坑总渗透量 $Q_s=Q_{1s}+Q_{2s}$。

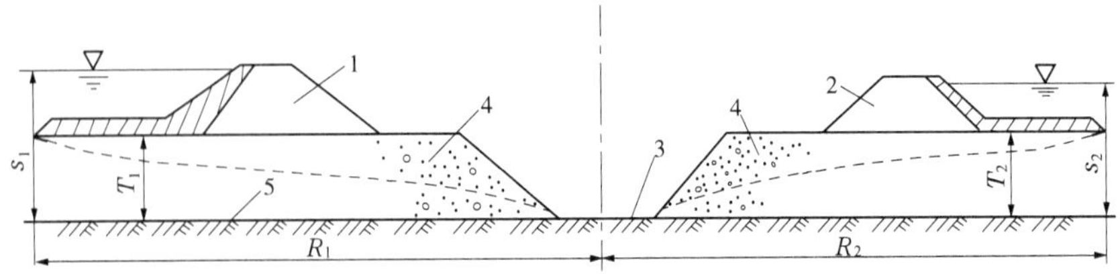

1—上游围堰;2—下游围堰;3—基坑;4—基坑覆盖层;5—隔水层

图 4-22　有围堰的无压完整形基坑

$$Q_{1s} = \frac{1.365}{2}\frac{K_s(2s_1 - T_1)T_1}{\lg \frac{R_1}{r_0}} \tag{4-8}$$

$$Q_{2s} = \frac{1.365}{2}\frac{K_s(2s_2 - T_2)T_2}{\lg \frac{R_2}{r_0}} \tag{4-9}$$

式中　K_s——基础的渗透系数;

s_1、T_1、s_2、T_2——含义见图 4-22;

R_1、R_2——降水曲线的影响半径;

r_0——将实际基坑简化为等效圆井时的化引半径。

式(4-8)和式(4-9)分别适用于 $R_1 > 2s_1\sqrt{s_1K_s}$ 和 $R_2 > 2s_2\sqrt{s_2K_s}$ 。R_1、R_2 的取值主要与土质有关。根据经验,细砂的 $R = 100 \sim 200$ m,中砂的 $R = 250 \sim 500$ m,粗砂的 $R = 700 \sim 1\ 000$ m。R 值也可按照各种经验公式估算,例如按库萨金公式:

$$R = 575s\sqrt{HK_s}\quad(\text{m}) \tag{4-10}$$

式中　H——含水层厚度,m;

s——水面降落深度,m;

K_s——渗透系数,m/h。

对于不规则形状的基坑:

$$r_0 = \sqrt{\frac{F}{\pi}} \tag{4-11}$$

式中　F——基坑面积,m^2。

对于矩形基坑:

$$r_0 = \eta\frac{L + B}{4} \tag{4-12}$$

式中　B、L——基坑宽度和长度;

η——基坑形状系数,与 $\frac{B}{L}$ 值有关(见表 4-7)。

表 4-7 基坑形状系数 η 值

B/L	0	0.2	0.4	0.6	0.8	1.0
η	1.0	1.12	1.16	1.18	1.18	1.18

渗透系数 K_s 与土的种类、结构、孔隙率等因素有关，一般应通过现场试验确定。当缺乏资料时，各类手册中所提供的数据也可供初估时参考。

②无压不完整形基坑如图 4-23 所示。在此情况下，除坑壁渗透流量 Q_{1s} 和 Q_{2s} 仍按完整井基坑公式计算外，尚需计入坑底渗透流量 q_1 和 q_2。基坑总渗透流量 Q_s 为

$$Q_s = Q_{1s} + Q_{2s} + q_1 + q_2 \tag{4-13}$$

其中，Q_{1s} 和 Q_{2s} 仍按式(4-8)和式(4-9)计算。q_1 和 q_2 的则按以下两式计算：

$$q_1 = \frac{K_s T s_1}{\frac{R_1 - l}{T} - 1.47\lg(\mathrm{sh}\frac{\pi l}{2T})} \tag{4-14}$$

$$q_2 = \frac{K_s T s_2}{\frac{R_2 - l}{T} - 1.47\lg(\mathrm{sh}\frac{\pi l}{2T})} \tag{4-15}$$

式中 l——基坑顺水流向长度的 1/2；

T——坑底以下覆盖层厚度，如图 4-23 所示；

其他参数的确定参考有关资料。

式(4-14)和式(4-15)分别适用于 $R_1 > l + T$ 和 $R_2 > l + T$ 的情况。

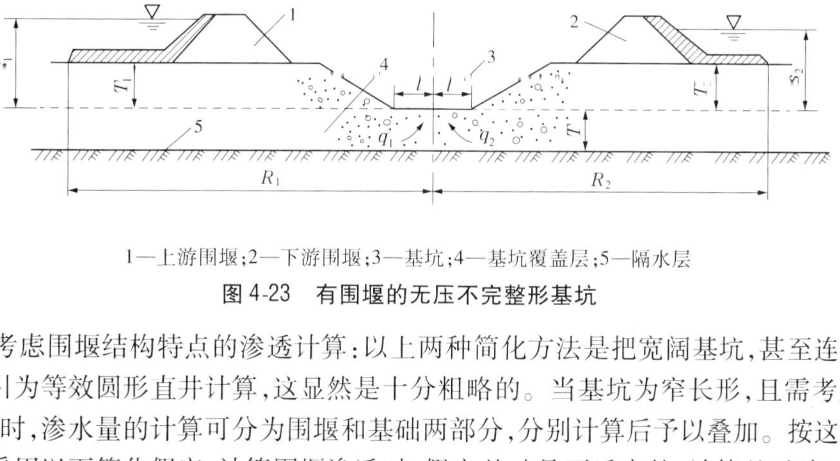

1—上游围堰；2—下游围堰；3—基坑；4—基坑覆盖层；5—隔水层

图 4-23 有围堰的无压不完整形基坑

(3)考虑围堰结构特点的渗透计算：以上两种简化方法是把宽阔基坑，甚至连同围堰在内，化引为等效圆形直井计算，这显然是十分粗略的。当基坑为窄长形，且需考虑围堰结构特点时，渗水量的计算可分为围堰和基础两部分，分别计算后予以叠加。按这种方法计算时，采用以下简化假定：计算围堰渗透时，假定基础是不透水的；计算基础渗透时，则认为围堰是不透水的。有时，并不进行这种区分，而是将围堰和基础一并考虑，也可选用相应的计算公式。由于围堰的种类很多，各种围堰的渗透计算公式，可查阅有关水工手册和水力计算手册。

应当指出，应用各种公式估算渗流量的可靠性，不仅取决于公式本身的精度，而且取决于计算参数的正确选择。特别是像渗透系数这类物理常数，对计算结果的影响很大。但是，在初步估算时，往往不可能获得较详尽而可靠的渗透系数资料。此时，也可采用更

简便的估算方法。

当基坑在透水地基上时，可按照表 4-8 所列的参考指标来估算整个基坑的渗透流量。

表 4-8　1 m 水头下 1 m^2 基坑面积的渗透流量

土类	细砂	中砂	粗砂	砂砾石	有裂缝的岩石
渗透流量(m^3/h)	0.16	0.24	0.30	0.35	0.05 ~0.10

1.2　基坑排水布置

排水系统的布置通常应考虑两种不同情况：一种是基坑开挖过程中的排水系统布置，另一种是基坑开挖完成后修建建筑物时的排水系统布置。布置时，应尽量同时兼顾这两种情况，并且使排水系统尽可能不影响施工。

基坑开挖过程中的排水系统布置，应以不妨碍开挖和运输工作为原则。一般常将排水干沟布置在基坑中部，以利两侧出土，如图 4-24 所示。随基坑开挖工作的进展，逐渐加深排水干沟和支沟。通常保持干沟深度为 1 ~1.5 m，支沟深度为 0.3 ~0.5 m。集水井多布置在建筑物轮廓线外侧，井底应低于干沟沟底。但是，由于基坑坑底高程不一，有的工程就采用层层设截流沟、分级抽水的办法，即在不同高程上分别布置截水沟、集水井和水泵站，进行分级抽水。

建筑物施工时的排水系统，通常都布置在基坑四周，如图 4-25 所示。排水沟应布置在建筑物轮廓线外侧，且距离基坑边坡坡脚不少于 0.3 ~0.5 m。排水沟的断面尺寸和底坡大小，取决于排水量的大小。一般排水沟底宽不小于 0.3 m，沟深不大于 1.0 m，底坡不小于 0.002。在密实土层中，排水沟可以不用支撑，但在松土层中，则需用木板或麻袋装石来加固。

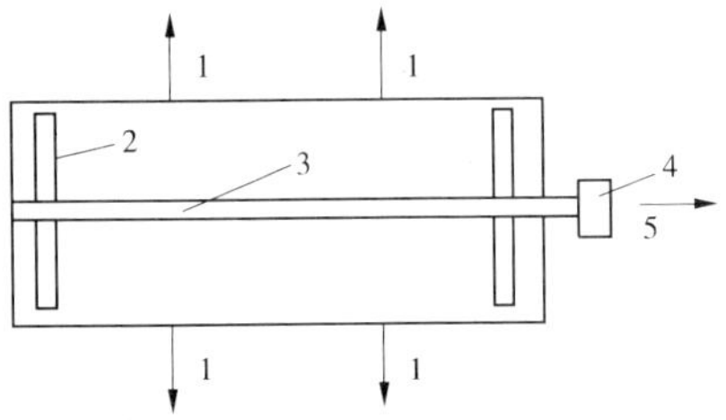

1—运土方向；2—支沟；3—干沟；
4—集水井；5—水泵抽水

图 4-24　基坑开挖过程中排水系统的布置图

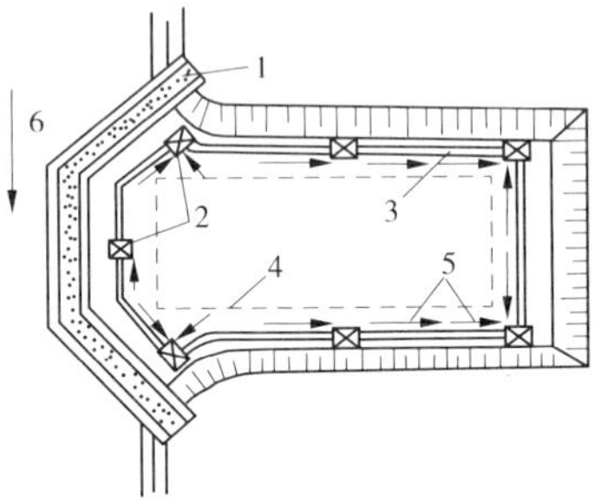

1—围堰；2—集水井；3—排水沟；
4—建筑物轮廓线；5—水流方向；6—河流

图 4-25　修建建筑物时基坑排水系统布置

水经排水沟流入集水井后，利用在井边设置的水泵站，将水从集水井中抽出。集水井布置在建筑物轮廓线以外较低的地方，它与建筑物外缘的距离必须大于井的深度。井的容积至少要能保证水泵停止抽水 10 ~15 min，井水不致漫溢。集水井可为长方形，边长 1.5 ~2.0 m，井底高程应低于排水沟底 1.0 ~2.0 m。在土中挖井，其底面应铺填反滤料，在密实土中，井壁用框架支撑在松软土中，利用板桩加固。如板桩接缝漏水，尚需在井壁外设置反滤层。集水井不仅可用来集聚排水沟的水量，而且应有澄清水的作用，因为水泵的使用年限与水中含沙量的多少有关。为了保护水泵,集水井宜稍偏大偏深一些。

为防止降雨时地面径流进入基坑而增加抽水量,通常在基坑外缘边坡上挖截水沟,以拦截地面水。截水沟的断面及底坡应根据流量和土质而定,一般沟宽和沟深不小于0.5 m,底坡不小于0.002,基坑外地面排水系统最好与道路排水系统相结合,以便自流排水。为了降低排水费用,当基坑渗水水质符合饮用水或其他施工用水要求时,可将基坑排水与生活、施工供水相结合。丹江口工程的基坑排水就直接引入供水池,供水池上设有溢流闸门,多余的水则溢入江中。

明式排水系统最适用于岩基开挖。对砂砾石或粗砂覆盖层,当渗透系数 K_s 大于 2×10^{-1} cm/s,且围堰内外水位差不大时,也可用明式排水系统。在实际工程中也有超出上述界限的,例如丹江口的细砂地基,渗透系数约为 2×10^{-2} cm/s,采用适当措施后,明式排水也取得了成功。不过,一般认为,当 $K_s<10^{-1}$ cm/s 时,以采用人工降低水位法为宜。

2 暗式排水

经常性排水过程中,为了保持基坑开挖工作始终在干地进行,常常要多次降低排水沟和集水井的高程,变换水泵站的位置,影响开挖工作的正常进行。此外,在开挖细砂土、砂壤土一类地基时,随着基坑底面的下降,坑底与地下水位的高差愈来愈大,在地下水渗透压力作用下,容易产生边坡脱滑、坑底隆起等事故,甚至危及临近建筑物的安全,对开挖工作带来不良影响。

而采用人工降低地下水位,可以改变基坑内的施工条件,防止流砂现象的发生,基坑边坡可以陡些,从而可以大大减少挖方量。人工降低地下水位的基本做法是:在基坑周围钻设一些井,地下水渗入井中后,随即被抽走,使地下水位线降到开挖的基炕底面以下,一般应使地下水位降到基坑底部0.5 1.0 m。

人工降低地下水位的方法按排水工作原理可分为管井法和井点法两种。管井法是单纯重力作用排水,适用于渗透系数 $K_s=10\sim250$ m/d 的土层;井点法还附有真空或电渗排水的作用,适用于 $K_s=0.1\sim50$ m/d 的土层。

2.1 管井法降低地下水位

管井法降低地下水位时,在基坑周围布置一系列管井,管井中放入水泵的吸水管,地下水在重力作用下流入井中,被水泵抽走。管井法降低地下水位时,须先设置管井,管井通常由下沉钢井管制成,在缺乏钢管时也可用木管或预制混凝土管代替。

井管的下部安装滤水管节(滤头),有时在井管外还需设置反滤层,地下水从滤水管进入井内,水中的泥沙则沉淀在沉淀管中。滤水管是井管的重要组成部分,其构造对井的出水量和可靠性影响很大。要求它过水能力大,进入的泥沙少,有足够的强度和耐久性。如图4-26所示是滤水管节的构造简图。

井管埋设可采用射水法、振动射水法及钻孔法下沉。射水下沉时,先用高压水冲土下沉套管,较深时可配合振动或锤击(振动水冲法),然后在套管中插入井管,最后在套管与井管的间隙中间填反滤层和拔套管,反滤层每填高一次便拔一次套管,逐层上拔,直至完成。

管井中抽水可应用各种抽水设备,但主要的是普通离心式水泵、潜水泵或深井水泵,分别可降低水位3～6 m、6～20 m和20 m以上，一般采用潜水泵较多。用普通离心式水泵抽水，由于吸水高度的限制，当要求降低地下水位较深时，要分层设置管井，分层进行排水。

要求大幅度降低地下水位的深井中抽水时，最好采用专用的离心式深井水泵。每个深井水泵都是独立工作的，井的间距也可以加大，深井水泵一般深度大于20 m，排水效果高，需要井数少。

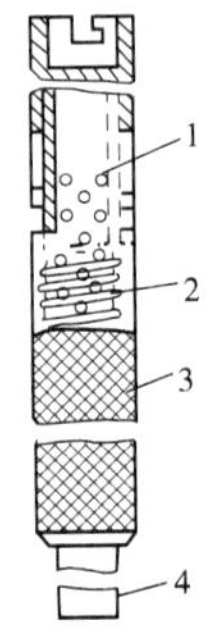

1—多孔管，钻孔面积占总面积的20%～25%；
2—绕面螺旋状的铁丝，$\phi 3 \sim 4$ mm；
3—铅丝网，1～2层；4—沉淀管

图4-26　滤水管节构造简图

2.2　井点法降低地下水位

井点法与管井法不同，它把井管和水泵的吸水管合而为一，简化了井的构造。

井点法降低地下水位的设备，根据其降深能力分轻型井点（浅井点）和深井点等。其中最常用的是轻型井点，轻型井点是由井管、集水总管、普通离心式水泵、真空泵和集水箱等设备所组成的一个排水系统，如图4-27所示。

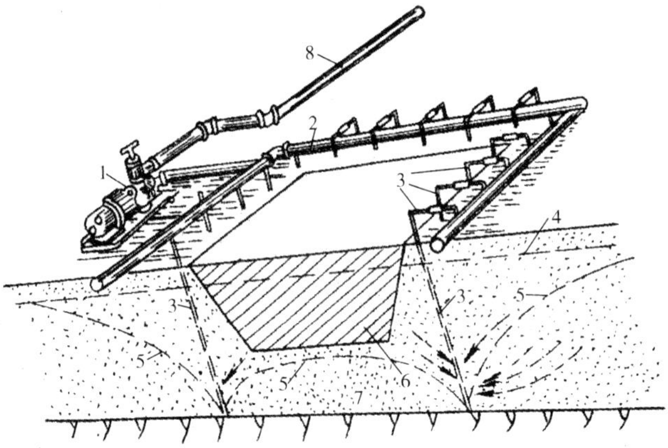

1—带真空泵和集水箱的离心式水泵；2—集水总管；
3—井管；4—原地下水位；5—排水后水面降落曲线；
6—基坑；7—不透水层；8—排水管

图4-27　轻型井点系统

轻型井点系统的井点管为直径38～50 mm的无缝钢管，间距为0.6～1.8 m，最大可到3.0 m。地下水从井管下端的滤水管借真空泵和水泵的抽吸作用流入管内，沿井管上升汇入集水总管，流入集水箱，由水泵排出。轻型井点系统开始工作时，先开动真空泵，排除系统内的空气，待集水井内的水面上升到一定高度后，再启动水泵排水。水泵开始抽水后，为了保持系统内的真空度，仍需真空泵配合水泵工作。这种井点系统也叫真空井点。井点系统排水时，地下水位的下降深度，取决于集水箱内的真空度与管路的漏气和水为损失。一般集水箱内真空度80 kPa（400～600 mmHg），相当的吸水高度为5～8 m，扣除各种损失后，地下水位的下降深度为4～5 m。

当要求地下水位降低的深度超过4～5 m时，可以像管井一样分层布置井点，每层控制范围3～4 m，但以不超过3层为宜。分层太多，基坑范围内管路纵横，妨碍交通，影响施工，同时也增加挖方量，而且当上层井点发生故障时，下层水泵能力有限，地下水位回升，基坑有被淹没的可能。

真空井点抽水时，在滤水管周围形成一定的真空梯度，加速了土的排水速度，因此即使在渗透系数小到0.1 m/d的土层中，也能进行工作。

布置井点系统时，为了充分发挥设备能力，集水总管、集水管和水泵应尽量接近天然地下水位。当需要几套设备同时工作时，各套总管之间最好接通，并安装开关，以便相互支援。

井管的安设一般用射水法下沉。距孔口1.0 m范围内，应用黏土封口，以防漏气。排水工作完成后，可利用杠杆将井管拔出。

深井点与轻型井点不同，它的每一根井管上都装有扬水器(水力扬水器或压气扬水器)，因此它不受吸水高度的限制，有较大的降深能力。

深井点有喷射井点和扬水井点两种，喷射井点由集水池、高压水泵、输水干管和喷射井管等组成。通常一台高压水泵能为30～35个井点服务，其最适宜的降水位范围为5～18 m。喷射井点的排水效率不高，一般用于渗透系数为3～50 m/d、渗流量不大的场合。

压气扬水井点是用压气扬水器进行排水。排水时压缩空气由输气管送来，由喷气装置进入扬水管，于是，管内为容重较轻的水气混合液。在管外水压力的作用下，沿水管上升到地面排走。为达到一定的扬水高度，就必须将扬水管沉入井中并有足够的潜没深度，使扬水管内外有足够的压力差。压气扬水井点降低地下水位最大可达40 m。

2.3 人工降低地下水位的设计与计算

采用人工降低地下水位进行施工时，应根据要求的地下水位下降深度、水文地质条件、施工条件以及设备条件等，确定排水总量(即总渗流量)，计算管井或井点的需要量，选择抽水设备，进行抽水排水系统的布置。

总渗流量的计算可参考前面经常性排水中所介绍的方法和其他有关论著。

管井和井点数目 n 可根据总渗流量 Q 与单井集水能力 q_{max} 决定，即

$$n = \frac{Q}{0.8q_{max}} \tag{4-16}$$

单井的集水能力取决于滤水管面积和通过滤水管的允许流速，即

$$q_{max} = 2\pi r_0 l v_p \tag{4-17}$$

式中 r_0——滤水管的半径，m，当滤水管四周不设反滤层时，用滤水管半径，设反滤层时，半径应包括反滤层在内；

l——滤水管长度，m；

v_p——允许流速，m/d，$v_p = 65\sqrt[3]{K}$，其中 K 为渗透系数(m/d)。

根据上面计算确定的 n 值，考虑到抽水过程中有些井可能被堵塞，因此尚应增加5%～10%。管井或井点的间距 d(m)，可根据排水系统的周线长度 L(m)来确定，即

$$d = \frac{L}{n} \tag{4-18}$$

在进行具体布置时,还应考虑满足下列要求:①为了使井的侧面进水不过分减少,井的间距不宜过小,要求轻型井点 $d \approx (5 \sim 10)2\pi r_0$,深井点 $d \approx (15 \sim 25)2\pi r_0$;②在渗透系数小的土层中,若间距过大,地下水位降低时间太长,因此要以抽水、降低地下水位时间来控制井的间距;③井的间距要与集水总管三通的间距相适应;④在基坑四角和靠近地下水流方向一侧,间距宜适当缩短。

井的深度可按下式进行计算:

$$H = s_0 + \Delta s + \Delta h + h_0 + l \tag{4-19}$$

$$\Delta s = \frac{0.8q_{max}}{2.73Kl}\lg\frac{1.32l}{r_0} \tag{4-20}$$

式中 Δh ——进入滤水管的水头损失,0.5 ~ 1.0 m;

h_0——要求的滤水管沉没深度,m,视井点构造不同而异,多小于 2.0 m;

s_0——原地下水位与基坑底的高差,m;

Δs ——基坑底与滤水管处降落水位的高差,m,可用式(4-20)确定。

任务5 施工度汛

目标:(1)掌握坝体拦洪导流标准;

(2)掌握确定坝体拦洪高程的方法;

(3)熟悉度汛措施。

执行过程:确定导流标准→确定坝体拦洪高程→选择度汛措施。

要点:坝体拦洪高程确定,度汛措施。

提交成果:选定导流标准,确定拦洪高程和度汛措施。

1 坝体拦洪的导流标准

当坝体填筑高程达到不需围堰保护时,其临时度汛洪水标准应根据坝型及坝前拦洪库容按表 4-9 的规定执行。

表 4-9 坝体施工期临时度汛洪水标准

坝型	拦洪库容(亿 m³)		
	>1.0	1.0 ~ 0.1	<0.1
	洪水重现期(年)		
土石	>100	100 ~ 50	50 ~ 20
混凝土	>50	50 ~ 20	20 ~ 10

2 拦洪高程的确定

一般导流泄水建筑物的泄水能力远不及原河道。洪水来临时的泄洪过程如图 4-28 所示。$t_1 \sim t_2$ 时段,进入施工河段的洪水流量大于泄水建筑物的泄量,使部分洪水暂时存蓄在水库中，抬高上游水位，形成一定容积的水库，此时泄水建筑物的泄量随着上游水位的升高而增大，达到洪峰流量 Q_m。入库的洪峰流量 Q_m 过后（$t_2 \sim t_3$ 时段），入库流量逐渐减少，但入库流量仍大于泄量，蓄水量继续增大，库水位继续上升，泄量 q 也随之增加，直到时刻 t_3，入流量和泄量相等时，蓄水容积达到最大值 V_m，相应的上游水位达最高值 H_m，即坝体挡水或拦洪水位，泄水建筑物的泄量也达最大值 q_m，即泄水建筑物的设计流量。t_3 时刻以后，Q 继续减少，库水位逐渐下降，q 也开始减少，但此时库水位较高，泄量 q 仍较大，且大于入流量 Q，使水库存蓄的水量逐渐排出，直到 t_4 时刻，蓄水全部排完，回复到原来的状态。以上便是水库调节洪水的过程。显然，由于水库的这种调节作用，削减了通过泄水建筑物的最大泄量（见图4-28中，由 Q_m 削减为 q_m），却抬高了坝体上游的水位，因此要确定坝体的挡水或拦洪高程，需要通过调洪计算，以求得相应的最大泄量 q_m 与上游最高水位 H_m。上游最高水位 H_m 加上安全超高便是坝体的挡水或拦洪高程。

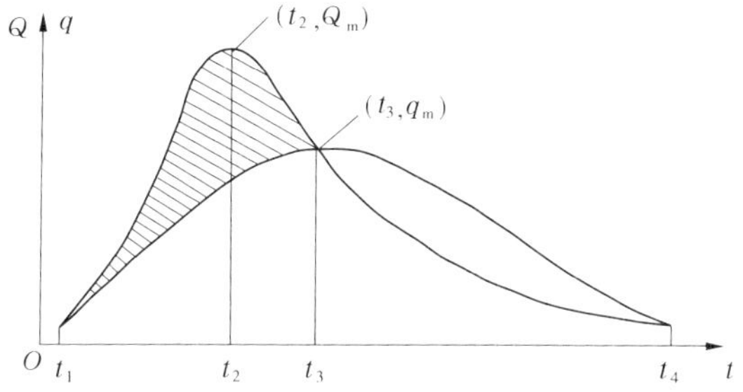

图4-28 入流和泄流过程示意

用公式表示为

$$H_f = H_m + \delta \tag{4-21}$$

式中 H_m——拦洪水位，m；

δ——安全超高，m，依据坝的级别而定，Ⅰ级时取 $\delta \geq 1.5$，Ⅱ级时取 $\delta \geq 1.0$，Ⅲ级时取 $\delta \geq 0.75$，Ⅳ级时取 $\delta \geq 0.5$。

3 拦洪度汛措施

根据施工进度安排，汛期到来之前若坝体不可能修筑到拦洪高程，必须考虑拦洪度汛措施，尤其是当主体建筑物为土坝或堆石坝且坝体填筑又相当高时，更应给予足够的重视，因为一旦坝身过水，就会造成严重的溃坝后果。

3.1 混凝土坝的拦洪度汛

混凝土坝一般是允许过水的，若坝身在汛期前不可能浇筑到拦洪高程，为了避免坝身过水时造成停工，可以在坝面上预留缺口以度汛，待洪水过后再封填缺口，全面上升。此外，如果根据混凝土浇筑进度安排，虽然在汛前坝身可以浇筑到拦洪高程，但一些纵向施工缝尚未灌浆封闭时，可考虑用临时断面挡水。在这种情况下，必须提出充分论证，采取相应措施，以消除应力恶化的影响。如柘溪工程的大头坝为提前挡水就采用了调整纵缝位置、提高初期灌浆高程和改变纵缝形式等措施，以改善坝体的应力状态。

3.2 土石坝拦洪度汛措施

土坝、堆石坝一般是不允许过水的。若坝身在汛期前不可能填筑到拦洪高程，一般可以考虑采用降低溢洪道高程、设置临时溢洪道并用临时断面挡水，或经过论证采用临时坝体保护过水等措施。

采用临时断面挡水时如图4-29所示，应注意以下几点：

(1)临时断面顶部应有足够的宽度，以便在紧急情况下仍有余地抢筑子堰，确保安全。

(2)临时断面的边坡应保证稳定，其安全系数一般应不低于正常设计标准。为防止施工期间由于暴雨冲刷和其他原因而坍坡，必要时应采取简单的防护措施和排水措施。

(3)心墙坝的防渗体一般不允许采用临时断面。

(4)上游垫层和块石护坡应按设计要求筑到拦洪高程，否则应考虑临时的防护措施。

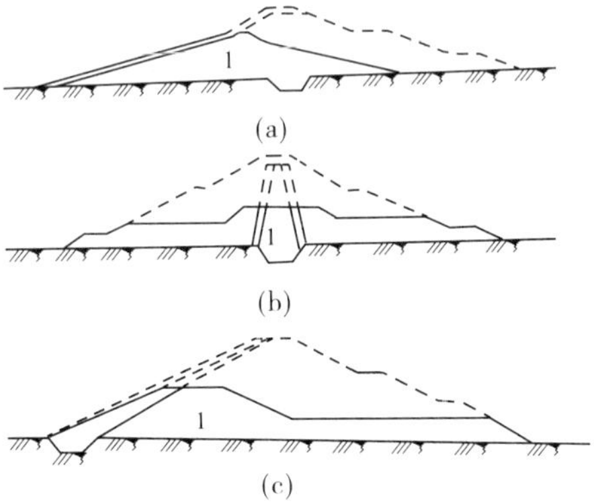

1—临时断面

图4-29　土坝拦洪的临时断面

下游坝体部位，为满足临时断面的安全要求，基础清理完毕后，应按全断面填筑几米后再收坡，必要时应结合设计的反滤排水设施统一安排考虑。

采用临时坝面过水时，应注意以下几点：

(1)为保证过水坝面下游边坡的稳定，应加强保护或做成专门的溢流堰，例如利用反滤体加固后作为过水坝面溢流堰体等，并应注意堰体下游的防冲保护。

(2)靠近岸边的溢流体堰顶高程应适当抬高，以减小坝面单宽流量，减轻水流对岸披的冲刷。

(3)坝面高程一般应低于溢流堰体顶0.5~2.0 m或做成反坡式坝面，以避免过水坝面的冲淤。

(4)根据坝面过流条件，合理选择坝面保护型式，防止淤积物渗入坝体，特别注意防渗体、反滤层等的保护。必要时上游设置拦污设施，防止漂木、杂物淤积坝面，撞击下游边坡。

项目5 土石坝施工

项目任务书

项目名称		土石坝施工	参考课时	16
学习型工作任务		任务1 施工准备		4
		任务2 土料开采与运输		6
		任务3 碾压式土石坝施工		4
		任务4 面板堆石坝施工		2
项目任务		让学生熟悉施工准备程序,以及土石坝施工流程		
教学内容		(1)施工准备;(2)土料开采运输;(3)碾压式土石坝与面板堆石坝施工程序		
教学目标	知识	(1)施工组织设计概念;(2)土料开采与运输以及机械设备等;(3)土石坝施工步骤		
	技能	挖运机械配套计算		
	态度	(1)具有刻苦学习精神;(2)具有吃苦耐劳精神;(3)具有敬业精神;(4)具有团队协作精神;(5)诚实守信		
教学实施		对某土石坝水利工程实地考察参观,了解土石坝施工程序		
项目成果		挖运机械配套计算		
技术规范		《碾压式土石坝施工规范》(DL/T 5129—2001)		

任务1 施工准备

目标:(1)了解施工组织设计;

(2)掌握施工准备内容与计划;

(3)熟悉料场规划;

(4)熟悉施工机械。

执行过程:施工组织设计→施工技术准备→施工料场规划→施工机械类型及确定。

要点:(1)施工组织设计的概念;

(2)“四通一平”工程;

(3)料场时间、空间规划；

(4)施工机械。

提交成果：施工机械分类课程报告。

1　施工组织设计

对合同及设计文件进行深入研讨，并根据具体条件编好施工组织设计。

施工组织设计是研究施工条件、选择施工方案、对工程施工全过程实施组织和管理的指导性文件，是编制工程投资估算、设计概算和招标投标文件的主要依据，它能保证工程开工后施工活动有序、高效、科学合理地进行。

根据初步设计编制规程和施工组织设计规范，初步设计的施工组织设计应包含：施工条件分析、施工导流、主体工程施工、施工交通运输、施工工厂设施和大型临建工程、施工总布置、施工总进度、主要技术供应计划这 8 个方面的内容。

2　技术准备

做好各项技术准备，并做好“四通一平”临建工程，各种设备和器材的准备工作。此时导流及引排水工程应已完成。“四通”，就是施工现场水通、电通、路通、通信要通；“一平”是施工现场要平整。

按施工方法的不同，土石坝分为填筑碾压、水力冲填、水中倒土和定向爆破等类型。目前仍以填筑碾压式为最多。

碾压式土石坝施工，包括准备作业，如平整场地，修筑道路，架设水、电线路，修建临时用房，清基、排水等；基本作业，如土石料开挖、装运、铺卸、压实等；以及为基本作业提供保证条件的辅助作业，如清除料场的覆盖层、清除杂物、坝面排水、刨毛及加水等，和保证建筑物安全运行而进行的附加作业，如修整坝坡、铺砌块石、种植草皮等。

由于土石坝施工一般不允许坝顶过水，在河道截流后，必须保证在一个枯水期内将大坝修筑到拦洪高程以上。因此，除应合理确定导流方案外，还需周密研究料场的规划使用，采取有效的施工组织措施，确保上坝强度，使大坝在一个枯水期内达到拦洪高程。

3　料场规划

土石坝用料量很大，在坝型选择阶段应对土石料场全面调查，在施工前还应结合施工组织设计，对料场作进一步勘探、规划和选择。料场的规划包括空间、时间和质量等方面的全面规划。

空间规划，是指对料场的空间位置、高程进行恰当选择，合理布置。土石料场应尽可能靠近大坝，并有利于重车下坡。坝的上下游、左右岸最好都有料场，以利于各个方向同时向大坝供料，保证坝体均衡上升。用料时，原则上低料低用、高料高用，以减少垂直运输。

时间规划，是指料场的选择要考虑施工强度、季节和坝前水位的变化。在用料规划上力求做到近料和上游易淹的料场先用，远料和下游不易淹的料场后用；含水量高的料场旱季用，含水量低的料场雨季用。上坝强度高时充分利用运距近、开采条件好的料场，上坝强度低时用运距远的料场,以平衡运输任务。在料场使用计划中,还应保留一部分近料场供合龙段填筑和拦洪度汛施工高峰时使用。

料场质与量的规划,是指对料场的质量和储料量进行合理规划。在选择规划和使用料场时,应对料场的地质成因、产状、埋深、储量以及各种物理力学性能指标进行全面勘探试验。

料场规划时还应考虑主要料场和备用料场。主要料场,是指质量好、储量大、运距近的料场,可常年开采;备用料场,是指在淹没范围以外,当主要料场被淹没或因库水位抬高而导致土料过湿或其他原因不能使用时,在备用料场取料,保证坝体填筑的正常进行。应考虑到开采自然方与上坝压实方的差异,杂物和不合格土料的剔除,开挖、运输、填筑、削坡、施工道路和废料占地不能开采以及其他可能产生的损耗。

此外,为了降低工程成本,提高经济效益,料场规划时应充分考虑利用永久水工建筑物和临时建筑物的开挖料作为大坝填筑用料。如建筑物的基础开挖时间与上坝填筑时间不相吻合,则应考虑安排必要的堆料场地储备开挖料。对土料场进行现场核查,储量应大于需用量的1.5~2.5倍。土质及天然含水量符合设计要求。

4 施工机械

土石方工程所使用的机械设备,一般具有功率大、机动性强、生产效率高和配套机型复杂等特点。土石方机械设备主要分为挖掘机械、挖运组合机械、凿岩穿孔机械、压实机械等。

随着科学技术的发展,新技术、新结构和新工艺已广泛用于各类施工机械设备中,其中,液压技术的运用,大大提高了施工机械的生产效率;微机和激光技术的运用,有效提高了机械的工作精度和施工质量;机电一体化技术的运用,使施工机械逐步向自动化和智能化方向发展。在结构上,工程机械已广泛采用模块和组件结构,部件的标准化,通用性程度提高,减轻了机械维修保养的难度,提高了机械的完好率和使用效率。我国的工程机械制造业虽然起步较晚,但发展速度快。二十年来,我国的工程机械得到了持续稳定的发展。土石方工程机械已有上百个品种,有些产品已达到国际同类产品的水平。为提高机械化施工水平和加快工程建设速度,工程机械势必朝着大容量、大功率、高效率、安全可靠和维修便捷的方向发展。

4.1 挖掘机械

挖掘机是土石方工程机械中一种用斗状工作装置挖取土壤或其他物料、剥离土层的机械,是土石方工程开挖的主要施工机械设备。

4.1.1 单斗式挖掘机

以正向铲挖掘机为代表的单斗式挖掘机,有柴油或电力驱动两类,后者又称电铲。挖掘机有回转、行使和挖掘三个装置。正向铲挖掘机有强力的推力装置,能挖掘Ⅰ~Ⅳ级土和破碎后的岩石。主要挖掘停机地面以上的土石方,也可以挖掘停机地面以下不深的地方。机型常根据挖斗容量来区分。

4.1.2 多斗式挖掘机

斗轮式挖掘机是陆上使用较普遍的一种多斗连续式挖掘机。

4.2 挖运组合机械

挖运组合机械是能同时担负开挖、运输、卸土、铺土任务的推土机和铲运机。

4.2.1 推土机

以拖拉机为原动机械，另加切土片的推土器，既可薄层切土又能短距离推运。它又按推土器在平面能否转动分为固定式和万能式，前者结构简单而牢固，应用普遍，多用液压操作。

若长距离推土，土料从推土器两侧散失较多，有效推土量大为减少。推土机的经济运距为60～100 m。为了减少推土过程中土料的散失，可在推土器两侧加挡板，或先推成槽，然后在槽中推土，或多台并列推土。

4.2.2 铲运机

按行驶方式，铲运机分为牵引式和自行式。前者用拖拉机牵引铲斗，后者自身有行驶动力装置。铲运机的经济运距与铲斗容量有关，一般在几百米至几千米以内。

4.3 压实机械

压实机械根据其压实原理可分为静力压实、振动压实、夯击压实三种。振动碾压机与静力碾压机相比具有重量轻、体积小、碾压遍数少、深度大、效率高的优点。

4.4 凿岩穿孔机械

在土石方工程施工中，钻爆法仍是最常用的施工方法。近几年来，随着爆破技术的发展，高性能、大扭矩、全液压凿岩穿孔机械在大规模石方开挖、预裂光面爆破、深孔爆破等方面得到广泛应用。

凿岩穿孔机械以压缩空气、电、液压传动装置作为动力进行凿岩穿孔作业，通常可分为凿岩机和穿孔机。凿岩机按动力来源分为风动、液压、电动和内燃凿岩机四种类型。穿孔机按破碎岩石的方式分为潜孔钻机、冲击钻机、牙轮钻机和回转钻机。一般情况下，凿岩机适用于钻凿小直径的钻孔。穿孔机适用于较大直径的钻孔。

任务2 土料开采与运输

目标：(1)掌握土料开采方式；

(2)掌握机械开采运输方法；

(3)熟悉运输方案；

(4)掌握挖运机械配套计算。

执行过程：料场开采准备工作→土料开采方式→土料加工→砾石料开采→超径处理→土石料开挖运输方案→挖运机械配套计算。

要点：(1)土料开采方法；

(2)砾石料开采方法；

(3)运输方案；

(4)挖运机械配套计算。

提交成果：挖运机械配套计算例题计算。

1 土石料的开采与加工

料场开采前的准备工作:划定料场范围;分期分区清理覆盖层;设置排水系统;修建施工道路;修建辅助设施。

1.1 土料开采

土料开采一般有立采和平采两种。

立面开采方法适用于土层较厚,天然含水量接近填筑含水量,土料层次较多,各层土质差异较大时。

平面开采方法适用于土层较薄,土料层次少且相对均质、天然含水量偏高需翻晒减水的情况。规划中应将料场划分成数区,进行流水作业。

1.2 土料加工

1.2.1 调整土料含水量

降低土料含水量的方法有挖装运卸中的自然蒸发、翻晒、掺料、烘烤等方法;提高土料含水量的方法有在料场加水,料堆加水,在开挖、装料、运输过程中加水。

1.2.2 掺合、超径料处理

一般掺合办法有:①水平互层铺料——立面(斜面)开采掺合法;②土料场水平单层铺放掺料——立面开采掺合法;③在填筑面堆放掺合法;④漏斗——带式输送机掺合法。第①、④种方法采用较多。

砾质土中超径石含量不多时,常用装耙的堆土机先在料场中初步清除,然后在坝体填筑面上进行填筑平整时再作进一步清除;当超径石的含量较多时,可用料斗加设蓖条筛(格筛)或其他简单筛分装置加以筛除,还可采用从高坡下料,造成粗细分离的方法清除粗粒径。粗粒径较大的过渡料宜直接采用控制爆破技术开采,对于较细的、质量要求高的反滤料,垫层料则可用破碎、筛分、掺合工艺加工。

1.3 砂砾石料和堆石料开采

砂砾石料开采分为陆上开采和水下开采。

陆上开采:一般挖运设备即可。

水下开采:采用采砂船和索铲开采。当水下开采砂砾石料含水量高时,需加以堆放排水。

块石料开采:结合建筑物开挖或由石料场开采,开采的布置要形成多工作面流水作业方式。开采方法一般采用深孔梯段爆破,特定目的使用洞室爆破。

1.4 超径处理

超径块石料的处理方法主要有浅孔爆破法和机械破碎法两种。

浅孔爆破法:指采用手持式风动凿岩机对超径石进行钻孔爆破。

机械破碎法:指采用风动和振冲破石、锤破碎超径块石,也可利用吊车起吊重锤,利用重锤自由下落破碎超径块石。

2 土石料开挖运输方案

2.1 设备选型的基本原则

坝料的开挖与运输，是保证上坝强度的重要环节之一。开挖运输方案主要根据坝体结构布置特点、坝料性质、填筑强度、料场特性、运距远近、可供选择的机械设备型号等多种因素，综合分析比较确定。土石坝施工设备的选型对坝的施工进度、施工质量以及经济效益产生重大影响。前面已对土石坝工程中使用到的机械进行了介绍，这里不再赘述，而只阐述设备选型的基本原则：

(1)所选机械的技术性能能适应工作的要求、施工对象的性质和施工场地特征，保证施工质量，能充分发挥机械效率，生产能力满足整个施工过程的要求。

(2)所选施工机械应技术先进、生产效率高，操作灵活、机动性好，安全可靠，结构简单，易于检修保养。

(3)类型比较单一，通用性好。

(4)工艺流程中各供需所用机械应配套，各类设备应能充分发挥效率，特别应注意充分发挥主导机械的效率。

(5)设备购置费和运行费用较低，易于获得零、配件，便于维修、保养、管理和调度，经济效果好。对于关键的、数量少且不能替代的设备，应使用新购置的，以保证施工质量，避免在一条龙生产中卡壳影响进度。

2.2 土石坝施工中开挖运输方案

土石坝施工中开挖运输方案主要有以下几种。

2.2.1 正向铲开挖，自卸汽车运输上坝

正向铲开挖、装载，自卸汽车运输直接上坝，通常运距小于 10 km。自卸汽车可运各种坝料，运输能力高，设备通用，能直接铺料，机动灵活，转弯半径小，爬坡能力较强，管理方便，设备易于获得。在施工布置上，正向铲一般采用立面开挖，汽车运输道路可布置成循环路线，装料时停在挖掘机一侧的同一平面上，即汽车鱼贯式地装料与行驶。

2.2.2 正向铲开挖、胶带机运输

国内外水利水电工程施工中，广泛采用了胶带机运输土、砂石料。胶带机的爬坡能力大，架设简易，运输费用较低，比自卸汽车可降低运输费用 1/3 ~ 1/2，运输能力也较高。胶带机合理运距小于 10 km，可直接从料场运输上坝；也可与自卸汽车配合，作长距离运输，在坝前经漏斗由汽车转运上坝；与有轨机车配合，用胶带机转运上坝作短距离运输。

2.2.3 斗轮式挖掘机开挖，胶带机运输，转自卸汽车上坝

对于填筑方量大、上坝强度高的土石坝，若料场储量大而集中，可采用斗轮式挖掘机开挖，其生产率高，具有连续挖掘、装料的特点。斗轮式挖掘机将料转入移动式胶带机，其后接长距离的固定式胶带机至坝面或坝面附近经自卸汽车运至填筑面。这种布置方案，可使挖、装、运连续进行，简化了施工工艺，提高了机械化水平和生产率。

2.2.4 采砂船开挖，有轨机车运输，转胶带机(或自卸汽车)上坝

有轨机车具有机械结构简单、修配容易的优点。当料场集中，运输量大，运距较远(大于 10 km)时，可用有轨机车进行水平运输。有轨机车运输的临建工程量大，设备投资

较高,对线路坡度、转弯半径等的要求也较高。有轨机车不能直接上坝,在坝脚经卸料装置至胶带机或自卸汽车转运上坝。

坝料的开挖运输方案很多,但无论采用何种方案,都应结合工程施工的具体条件,提高机械利用率;减少坝料的转运次数;各种坝料铺筑方法及设备应尽量一致,减少辅助设施;充分利用地形条件,统筹规划和布置。

3 挖运机械配套计算

3.1 挖运强度的确定

(1)上坝强度 Q_d:单位时间填筑到坝面上的土方量,按坝面压实成品方计。

$$Q_d = \frac{Vk_a k}{Tk_1} \quad (压实方,m^3/d) \tag{5-1}$$

式中 V——某时段内填筑到坝面上的土方量,m^3;

k_a——坝体沉陷影响系数,取1.03~1.05;

k——施工不均衡系数,取1.2~1.3;

k_1——坝面土料损失系数,取0.9~0.95;

T——某时段内的有效施工天数,等于计算时段内的总天数减去法定节假日天数和因雨停工的天数。

(2)运输强度 Q_T:为满足上坝强度要求,单位时间内应运输到坝面上的土方量,按运输松方计。

$$Q_T = \frac{Q_d k_c}{k_2} \quad (松方,m^3/d) \tag{5-2}$$

$$k_c = \frac{\gamma_d}{\gamma_y}$$

式中 k_c——压实影响系数;

k_2——土料运输损失系数,取0.95~0.99;

γ_d、γ_y——坝面土料设计干密度和土料运输松散干密度。

(3)开挖强度 Q_C:为了满足坝面土方填筑要求的,料场土料开挖应达到的强度。

$$Q_C = \frac{Q_d k'_c}{k_2 k_3} \quad (自然方,m^3/d) \tag{5-3}$$

$$k'_c = \frac{\gamma_d}{\gamma_n}$$

式中 γ_n——料场土料自然干密度;

k_3——料场土料开挖损失系数,随土料性质和开挖方式而异,取0.92~0.97。

其他符号意义同前。

3.2 挖运设备数量的确定

3.2.1 挖掘机需要量 N_C 的计算

$$N_C = \frac{Q_C}{P_C} \tag{5-4}$$

式中　N_C——挖掘机需要量，台；

P_C——挖掘机的生产率，$m^3/(d·台)$。

3.2.2　与一台挖掘机配套的自卸汽车数 N_a 的计算

合理的配套应满足：当第一辆汽车装满后离开挖掘机到再次回到挖掘地点所消耗的时间，应该等于剩下的(N_a-1)辆汽车在装车地点所消耗的时间，即

$$(N_a-1)(t_{装}+t_{位})=(t_{重}+t_{卸}+t_{空}) \tag{5-5}$$

则

$$N_a=\frac{t_{装}+t_{重}+t_{卸}+t_{空}+t_{位}}{t_{装}+t_{位}}=\frac{T_{循}}{t_{装}+t_{位}} \tag{5-6}$$

$$t_{装}=kmt_{挖} \tag{5-7}$$

$$m=\frac{Qk_s}{\gamma_{料}qk_H} \tag{5-8}$$

式中　N_a——与一台挖掘机配套的自卸汽车台数；

$T_{循}$——自卸汽车一个工作循环时间；

$t_{装}$——装车时间；

$t_{重}$——重车开行时间；

$t_{卸}$——卸车时间；

$t_{空}$——空车返回时间；

$t_{位}$——空车就位时间；

$t_{挖}$——挖掘机一个工作循环时间；

k——装车时间延误系数；

m——装车斗数；

Q——自卸汽车载重量，t；

$\gamma_{料}$——料场土料自然密度，t/m^3；

q——挖掘机斗容量，m^3；

k_H——铲斗充盈系数；

k_s——土料的可松性系数。

为了充分发挥挖掘机和自卸汽车的生产效率，合理的装车斗数 m 应为3～5斗。

任务3　碾压式土石坝施工

目标：(1)掌握碾压式土石坝概念；

(2)熟悉碾压式土石坝料场施工组织；

(3)熟悉坝面施工；

(4)熟悉安全施工。

执行过程：料场施工组织→料源选择→料场勘探与试验→料场应遵循的原则→坝面作业施工组织→施工安全措施→安全生产检查→安全生产培训。

要点：(1)料源选择；

(2)料场选择原则；

(3)坝面作业施工组织;

(4)安全生产措施。

提交成果:碾压式土石坝施工安全培训方案。

碾压式土石坝是采用土、砂、砂砾石、卵石、块石、风化岩等材料分层填筑并压实而成的土石坝。根据土石坝采用的防渗体形式可以分为均质坝、土质防渗体分区坝和非土质材料防渗体分区坝三种。

1 料场、坝面作业施工组织

1.1 料场施工组织

1.1.1 料源选择

为保证坝体填筑质量和施工进度,降低工程造价,应正确选择料源、做好料场规划和坝料处理设计。应在坝型研究阶段开展坝料研究工作。根据坝料设计需要对开采料和可能利用的工程开挖料的勘探试验提出明确要求,在分析勘探试验资料的基础上选定料源。

1.1.2 料场勘探与试验

料场勘探工作应按现行的天然建筑材料勘察有关标准进行。在普查阶段,料场勘探应拓宽选料范围,随设计阶段的加深,逐步收缩勘探范围,加深勘探精度,提供设计需要的各项资料。料场勘探除应查明料物的物理力学特性外,还应查明施工特性。用作坝料的工程开挖料的勘探应按设计的要求,提供建筑物设计所需要的地质资料和作为建筑材料所需要的勘探试验成果。料物的试验应随设计阶段逐步加深。应在常规试验的基础上,根据设计要求,针对选定料场料物特性和存在问题进行试验研究工作。大型工程宜做爆破试验、现场碾压试验和料物加工试验。

1.1.3 料场选择

1.1.3.1 石料场选择应遵循的原则

(1)石料的质量应满足坝料设计要求。

(2)料场的储量应满足坝料供应规划要求。

(3)应根据工程具体条件就近取料。

(4)开采条件良好,可满足开采强度的要求。

(5)覆盖薄、剥离量少、岩性均一、开采获得率高,开采料级配易于控制。

(6)应与大坝和其他建筑物保持必要的距离,不得影响工程附近山体稳定和地基渗流稳定,不得影响居民点和工程设施的安全。

1.1.3.2 土料场选择应遵循的原则

(1)碾压坝的土料应有良好的防渗性和渗流稳定性,适当的塑性和压缩性,较高的抗剪强度和较好的施工特性。

(2)宜选用天然含水量与填筑含水量接近的土料。

(3)应有良好的开采条件,可满足开采强度要求。

(4)宜选用剥离量少、土层厚、可采率高,含水量和土质较均一,质量易控制的料场。

(5)应不占或少占耕地、林地,不拆迁或少拆迁居民点和工程设施。

(6)应与坝基保持必要的距离,不影响地基渗流稳定。

1.1.3.3 砂砾料场选择应遵循的原则

(1)砂砾料的质量和数量应满足设计要求,有良好的级配,质量均一,压实后能满足设计要求的强度、变形特性和渗透性。

(2)分布比较集中。

(3)应有良好的开采条件,河道水情变化对开采影响小,开采强度满足设计要求。

(4)运距较近,专用运输设施和费用较少。

(5)应少占或不占耕地,不宜拆迁居民点。

1.1.3.4 石料开采规划应遵循的原则

(1)开采范围宜根据料场的供料要求,料场的储量、覆盖、岩性、地质构造、地形、开采出料等条件确定。采区范围内有效料物储量应满足开采量的需要,并应安排备用料场,以备施工过程中情况发生变化时使用。

(2)为便于控制开挖料的块度和级配,应优先考虑采用梯段爆破法开采方案,宜采用微差挤压爆破技术。

(3)应根据供料强度要求确定开采工作面和出料作业线,为连续供料,宜设两个以上开采工作面和出料作业线。

(4)根据钻孔和装料设备性能确定梯段高度,提高爆破效果和形成适当的堆料高度,以期安全高效的出料。梯段高度宜选定 7 ~ 15 m。

(5)做好开采顺序和场地使用规划,确定废料堆弃、出料线、动力供应和附属设施布置。

(6)开采前应清除植被、覆盖层和不可用岩层。

(7)为提高料物利用率,岩性和风化程度不同的岩体应分区开采,以便分别用于相应品质要求的坝体填筑部位。

(8)开挖料的开挖方法应符合建筑物开挖和坝料开采的双重要求。开挖梯段布置应和马道设置匹配,开挖边界符合建筑物设计体型,设计线应采取光爆或预裂措施,避免对基础和边坡破坏,并应按设计要求及时对边坡进行处理,进度满足建筑物使用需要,开挖料的级配符合坝料要求,开挖强度与上坝强度要求匹配。

(9)料场开采时,应根据地形、岩性和地质构造进行边坡稳定分析,确定开挖边坡,并应满足环境保护要求,使开采后的料场边坡整齐、安全稳定。

(10)料场开采应逐层下挖,不得采用切断顺坡岩层层面的掏脚式开采方法。无法避免时,应对边坡进行稳定分析,采取适当的支护措施。

1.1.3.5 土料开采规划应遵循的原则

(1)土料开采范围和深度,应根据土料用量和料物分层特性、天然含水量在平面和立面上的分布及变化规律规定。采区范围内的有效储量应满足开采量的需要,并应安排备用料场。

(2)开采方法应根据土料在平面和立面上性质差异和天然含水量的分布规律确定。

(3)取用耕地下部的土料时,应做好耕植土的存放、还耕规划。

(4)做好土料场的防洪、排水、道路、土料堆存和施工附属设施的布置。

(5)当天然含水量偏高或偏低,难以压实到设计规定指标时,应在坝外处理合格后方可上坝。

(6)当土料的工程特性和施工特性不能满足设计要求时,可以考虑用两种不同性质的材料掺合或剔除超径粒级。

材料的掺合应力求工艺简单、设备通用、费用低廉、掺合均匀。可优先选用水平互层铺料、立采掺拌混合的工艺。

1.1.3.6 砂砾料的开采规划应遵循的原则

(1)开采范围应根据需要量,砂砾料场有效层的储量、分布和开采条件等因素确定。有效储量应满足需要,并应安排备用料场。

(2)开采、加工工艺应根据料场位置的高低、水文和水文地质条件、天然砂砾料的级配、使用粒级范围等因素确定。

(3)开采强度应根据施工时段和上坝强度、开采获得率、折方系数、工艺损耗和储存条件确定。

(4)开采分层和开采程度应根据料场天然级配在深度和平面上的分布状况、河床水位变化、料物级配平衡要求确定。

(5)场地平面布置应根据施工工艺、储备需要和防洪排水要求确定。

反滤料和垫层料应优先考虑使用天然砂砾料。当工程附近缺乏天然砂砾料,或其质量不能满足设计要求,或使用天然砂砾料并不经济时,可考虑使用人工制备料。

1.1.3.7 设置储备和调节用的存料场时,其布置应遵循的原则

(1)有用料和弃料应分别堆放,不得混杂。

(2)存料场的位置应尽量靠近上坝路线,使物料流向顺畅合理。

(3)存料场的场地应相对平缓、地基稳定、不受洪水威胁,容量能满足储料和调节需要。

(4)运输道路布置,易方便进出料。

1.2 坝面作业施工组织

基坑开挖和地基处理结束后即可进行坝体填筑。坝体土方填筑的特点是:作业面狭窄、工种多、工序多、机械设备多、施工干扰大,若组织不好将导致窝工,影响工程进度和施工质量。坝面作业包括铺土、平土、洒水或晾晒(控制含水量)、压实和质量检查等。为了避免施工干扰、充分发挥各不同工序施工机械的生产效率,一般采用流水作业法组织坝面施工。

采用流水作业法组织施工时,首先应根据施工工序将坝面划分成若干区段,然后组织各工种专业施工队依次进入所划分的区段施工。于是,各专业施工队按工序依次连续在同一施工区段施工;对各专业施工队而言,则不停地轮流在各个施工区段完成本专业的施工工作。其结果是完成不同工序的施工机械均由相应的专业施工队来操作,实现了施工专业化,有利于工人操作熟练程度的提高;同时在施工过程中保证了人、机、地三不闲,避免了施工干扰,有利于坝面作业连续、均衡地进行。

由于坝面作业面积的大小随高程而变化,因此施工技术人员应经常根据作业面积变化的情况,采取有效措施,合理地组织坝面流水作业。

2 施工及安全措施

施工安全管理是施工企业全体职工及各部门同心协力，把专业技术、生产管理、数理统计和安全教育结合起来，为达到安全生产目的而采取各种措施的管理。

2.1 安全管理的内容

(1)建立安全生产制度。

(2)贯彻安全技术管理。

(3)坚持安全教育和安全技术培训。

(4)组织安全检查。

(5)进行事故处理。

2.2 安全生产责任制

(1)安全生产责任制。安全生产责任制，是根据“管生产必须管安全”“安全工作、人人有责”的原则，以制度的形式，明确规定各级领导和各类人员在生产活动中应负的安全职责。

(2)责任制的制定和考核。施工现场项目经理是项目安全生产第一责任人，对安全生产负全面的领导责任。

施工现场从事与安全有关的管理、执行和检查人员，特别是独立行使权力开展工作的人员，应规定其职责、权限和相互关系，定期考核。

(3)安全生产目标管理。施工现场应实行安全生产目标管理，制定总的安全目标，如伤亡事故控制目标、安全达标、文明施工目标等。制订达标计划，将目标分解到人，责任落实，考核到人。

(4)安全技术操作规程。施工现场要建立健全各种规章制度，除安全生产责任制，还有安全技术交底制度、安全宣传教育制度、安全检查制度、安全设施验收制度、伤亡事故报告制度等。

(5)施工现场安全管理网络。施工现场要建立以项目经理为组长、由各职能机构和分包单位负责人及安全管理人员参加的安全生产管理小组，组成自上而下覆盖各单位、各部门、各班组的安全生产管理网络。

2.3 安全生产检查

2.3.1 安全检查内容

施工现场应建立各级安全检查制度，工程项目部在施工过程中应组织定期和不定期的安全检查。主要是查思想、查制度、查教育培训、查机械设备、查安全设施、查操作行为、查劳保用品的作用、查伤亡事故处理等。

2.3.2 安全检查的要求

一是各种安全检查都应该根据检查要求配备力量；二是每种安全检查都应有明确的检查目的和检查项目、内容及标准；三是检查记录是安全评价的依据，因此要认真、详细，特别是对隐患的记录必须具体，如隐患的部位、危险性程度及处理意见等；四是安全检查需要认真地、全面地进行系统分析，定性定量地进行安全评价；五是整改是安全检查工作重要的组成部分，是检查结果的归宿，整改工作包括隐患登记、整改、复查、销案。

2.3.3 施工安全文件编制要求

按照水利水电工程施工安全管理的相关标准、法规和规章编制安全管理体系文件，编制的要求有：

(1)安全管理目标应与企业的安全管理总目标协调一致。

(2)安全保证计划应围绕安全管理目标，将要素用矩阵图的形式，按职能部门(岗位)进行安全职能各项活动的展开和分解，依据安全生产策划的要求和结果，对各要素在本现场的实施提出具体方案。

(3)体系文件应经过自上而下、自下而上的多次反复讨论与协调，以提高编制工作的质量，并按标准规定由上级机构对安全生产责任制、安全保证计划的完整性和可行性、工程项目部满足安全生产的保证能力等进行确认，建立并保存确认记录。

(4)安全保证计划应送上级主管部门备案。

(5)配备必要的资源和人员，首先应保证适应工作需要的人力资源，适宜而充分的设施、设备，以及综合考虑成本、效益和风险的财务预算。

(6)加强信息管理、日常安全监控和组织协调。

(7)由企业按规定对施工现场安全生产保证体系运行进行内部审核，验证和确认安全生产保证体系的完整性、有效性和适合性。

为了有效、准确、及时地掌握安全管理信息，可以根据项目施工的对象、特点要求，编制安全检查表。

2.3.4 检查和处理

(1)检查中发现隐患应该进行登记，作为整改备查依据，提供安全动态分析信息。

(2)安全检查中查出的隐患除进行登记外，还应发出隐患整改通知单。

(3)对于违章指挥、违章作业行为，检查人员可以当场指出，进行纠正。

(4)被检查单位领导对查出的隐患，应立即研究整改方案，按照“三定”原则(定人、定期限、定措施)进行整改。

(5)整改完成后要及时报告有关部门。

2.4 安全教育培训

2.4.1 安全教育内容

(1)新工人(包括合同工、临时工、学徒工、实习和代培人员)必须进行公司、工地和班组的三级安全教育。教育内容包括安全生产方针、政策、法规、标准及安全技术知识、设备性能、操作规程、安全制度、严禁事项及本工种的安全操作规程。

(2)电工、焊工、架工、司炉工、爆破工、机操工及起重工、打桩机和各种机动车辆司机等特殊工种工人，除进行一般安全教育外，还要经过本工种的专业安全技术教育。

(3)采用新工艺、新技术、新设备施工和调换工作岗位时，对操作人员进行新技术、新岗位的安全教育。

2.4.2 安全教育的种类

(1)安全法制教育。

(2)安全思想教育。

(3)安全知识教育。

(4)安全技能教育。

(5)事故案例教育。

2.4.3 特种作业人员培训

根据国家经济贸易委员会《特种作业人员安全技术培训考核管理办法》的规定,特种作业是指容易发生人员伤亡事故,对操作者本人、他人及周围设施的安全有重大危害的作业。从事这些作业的人员必须进行专门培训和考核。与建筑业有关的主要种类有:

(1)电工作业。

(2)金属焊接切割作业。

(3)起重机械(含电梯)作业。

(4)企业内机动车辆驾驶。

(5)登高架设作业。

(6)压力容器操作。

(7)爆破作业。

2.4.4 安全生产的经常性教育

施工企业在做好新工人入场教育、特种作业人员安全生产教育和各级领导干部、安全管理干部的安全生产培训的同时,还必须把经常性的安全教育贯穿于管理工作的全过程,并根据接受教育对象的不同特点,采取多层次、多渠道和多种方法进行。

2.4.5 班前安全活动

班组长在班前进行上岗交底、上岗检查,做好上岗记录。

上岗交底:对当天的作业环境、气候情况、主要工作内容和各个环节的操作安全要求以及特殊工种的配合等进行交流。

上岗检查:查上岗人员的劳动防护情况,每个岗位周围作业环境是否安全无患,机械设备的安全保险装置是否完好有效,以及各类安全技术措施的落实情况等。

任务4　面板堆石坝施工

目标:(1)掌握面板堆石坝坝体材料分区;

(2)熟悉面板堆石坝压实参数及质量控制;

(3)熟悉填筑工艺;

(4)熟悉防渗体施工。

执行过程:堆石材料质量要求→坝体材料分区→堆石坝填筑工艺→压实参数→质量控制→钢筋混凝土面板的分块→防渗体施工。

要点:(1)堆石材料质量要求;

(2)坝体材料分区;

(3)质量控制;

(4)防渗体施工。

提交成果:面板堆石坝施工组织方案设计。

1 堆石材料的质量要求和坝体材料分区

1.1 堆石材料的质量要求

根据施工组织设计，查明各料场的储量和质量，如利用施工中挖方石料，要按料场要求增做试验。1、2级高坝坝料室内试验项目应包括坝料的颗粒级配、相对密度、抗剪强度和压缩模量，垫层料、砂砾料、软岩料的渗透和渗透变形试验。100 m以上的坝，应测定坝料的应力应变参数。

垫层料要求有良好的级配，最大粒径为80～100 mm，小于5 mm的颗粒含量为30%～50%，小于0.075 mm的颗粒含量不宜超过8%，中低坝可适当降低要求。用天然砂砾料作垫层料时，要求级配连续、内部结构稳定、压实后渗透系数为1/1 000～1/10 000 cm/s。寒冷地区，垫层的颗粒级配要满足排水性要求。

过渡料要求级配连续、最大粒径不宜超过300 mm。可用人工细石料、经筛分加工的天然砂砾料等，压实后的过渡料要压缩性小、抗剪强度高、排水性好。

主堆石料可用坝基开挖料或料场开采石料，要求级配良好，最大粒径不应超过压实层厚度，小于5 mm的含量不宜超过20%，小于0.75 mm的颗粒含量不宜超过5%。在开采前应做专门的爆破试验。

1.2 面板堆石坝的坝体分区

堆石坝坝体应根据石料来源及对坝料的强度、渗透性、压缩性、施工方便和经济合理性等要求进行分区。在岩基上用硬岩堆石料填筑的坝体可按图5-1分区，Ⅰ区为土料铺盖，Ⅱ区为半透水料垫层区，Ⅲ区为主堆石区，一般在各区内还细分为不同的亚区。坝体上游部分的堆石体要求：压缩性要低，防止沉陷，危及防渗面板；防渗性高，防止渗流过大。各区坝料的透水性应按水力过渡要求，从上游向下游逐渐增加。下游堆石区在下游水位以上的坝料不受此限制。

垫层区的水平宽度应由坝高、地形、施工工艺和经济性比较确定。当用汽车直接卸料，推土机推平方法施工时，垫层区不宜小于3 m，有专门的铺料设备时，垫层区宽度可减少，并相应增大过渡区的面积，主堆石区用硬岩时，到垫层区之间应设过渡区，为方便施工，其宽度不小于3 m。

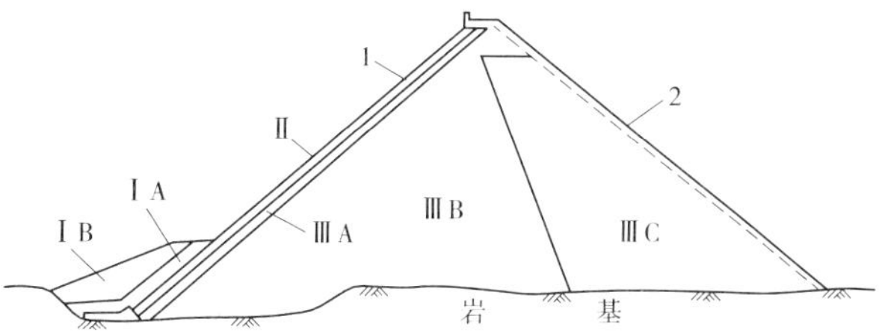

ⅠA—防渗土料；ⅠB—任意料；Ⅱ—垫层区；ⅢA—过渡料区；ⅢB—主堆石区；

ⅢC—任意料区或加大层厚的堆石区；1—面板；2—大块石护坡

图5-1 岩基上硬岩堆石坝体分区示意图

2 堆石坝填筑工艺、压实参数和质量控制

2.1 填筑工艺

坝体填筑应在坝基、岸坡处理完毕，面板底座混凝土浇筑完成后进行。垫层料、过渡料和一定宽度的主堆石料的填筑应平起施工，均衡上升。

主、次堆石区可分区、分期填筑，其纵、横坡面上均可布置临时施工道路，但必须设于填筑压实合格的坝段。主堆石区与岸坡、混凝土结构接触带要回填12 m宽过渡带料。

垫层料、过渡料卸料铺料时，避免分离，两者交界处避免大石集中，超径石应予剔除。垫层料铺筑时，上游侧超铺20～30 mm。每升高10～15 m，进行垫层坡面削坡修整和碾压，削坡修整后，坡面在法线方向应高于设计线5～8 cm。有条件时宜用激光控制削坡的坡度。斜坡碾压可用振动碾。压实合格后，尽快进行护面，常用的形式有碾压水泥砂浆、喷乳化沥青、喷混凝土等。碾压砂浆表面、喷混凝土表面允许误差为±5 cm。

坝料铺筑采用进占法卸料，及时平料，保持填筑面平整。用测量方法检查厚度，超厚及时处理。坝料填筑宜加水碾压，加水要均匀，控制加水量。采用振动平碾压实，碾重不小于10 t。经常检测振动碾的工作参数。碾压应按坝料分区分段进行，各碾压段之间的搭接不应小于1.0 m。坝体堆石区纵、横向接坡宜采用台阶收坡法施工，台阶宽度不宜小于1.0 m，填筑高差不宜过大。

下游护坡宜与坝体填筑平起施工，护坡石宜选取大块石，机械整坡、堆码，或人工干砌，块石间嵌合要牢固。

2.2 压实参数和质量控制

2.2.1 坝体填筑压实

坝体填筑压实标准见表5-1。压实参数需经压实试确定，其方法见本项目任务3。振动碾的压实参数可参考表5-2。

表5-1 坝体填筑标准

坝料	垫层料	砂砾石料	过渡料	主堆石料	下游堆石料
孔隙率(%)	15～20		18～22	20～25	23～28
相对密度		0.75～0.85			

表5-2 振动碾的压实参数

土石料类型	碾重(t)	铺料厚度(m)	碾压遍数	说明
砂砾料	13.5	1.2～1.6	4～6	
风化料	13.5	1.0～1.5	4～6	
石渣料	13.5	1.0～1.5	4	
堆石料	13.5	1.0～1.5	4～6	堆石最大粒径应比铺料层厚小10～20 cm

2.2.2 堆石体的质量控制

料场质量控制的内容有以下几个方面：

(1)在规定的料区范围内开采，料场的草皮、树根、覆盖层及风化层已清除干净；

(2)堆石料开采加工方法符合规定要求；

(3)堆石料级配、含泥量、物理力学性质符合设计要求，不合格料不允许上坝。

坝体填筑的质量控制。坝体填筑的质量，一般要求为：堆石材料、施工机械符合要求；负温下施工时，坝基已压实的砂砾石无冻结现象，填筑面上的冰雪已清除干净。坝面压实，应对压实参数和孔隙率进行控制，以碾压参数为主。铺料厚度、碾实遍数、加水量等符合要求，铺料误差不宜超过层厚的10%，坝面保持平整。坝料压实检查项目和取样次数见表5-3。

表5-3 坝料压实检测项目和取样次数

坝料		检查项目	检查次数
垫层料	坝面	干密度、颗粒级配	每500～1 000 m^3 1次，每层至少1次
		渗透系数	次数不定
	上游坡面	干密度、颗粒级配	每1 500～3 000 m^3 1次
	小区	干密度、颗粒级配	每1～3层1次
过渡区		干密度、颗粒级配	3 000～6 000 m^3 1次
砂砾料		干密度、颗粒级配	5 000～10 000 m^3 1次
堆石料		干密度、颗粒级配	1万～10万 m^3 1次

注：堆石料颗粒级配可比干密度试验次数适当减少。

检查方法：垫层料、过渡料和堆石料压实干密度的检测方法，宜采用挖坑灌水法，或辅以表面波压实密度仪法。施工中可用压实计实施控制，垫层料可用核子密度计法。垫层料试坑直径应不小于最大粒径的4倍；过渡料试坑直径应不小于最大粒径的3～4倍；堆石料试坑直径为最大粒径的2～3倍；试坑直径最大不超过2 m。以上三种料的试坑深度均为碾实层厚度。

3 钢筋混凝土面板的分块和浇筑

3.1 钢筋混凝土面板的分块

混凝土防渗面板包括趾板(面板底座)和面板两部分。防渗面板应满足强度、抗渗、抗侵蚀、抗冻要求。趾板设伸缩缝；面板设垂直伸缩缝、周边伸缩缝等永久缝和临时水平施工缝。混凝土防渗面板分缝分块见图5-2。

垂直伸缩缝从底到顶布置，中部受压区，分缝间距一般为12～18 m；两侧受拉区按6～9 m布置。受拉区设两道止水，受压区在底侧设一道止水，水平施工缝不设止水，但竖向钢筋必须相连。

3.2 防渗面板混凝土浇筑与质量

趾板施工：应在趾基开挖处理完毕，经验收合格后进行，按设计要求进行绑扎钢筋、设

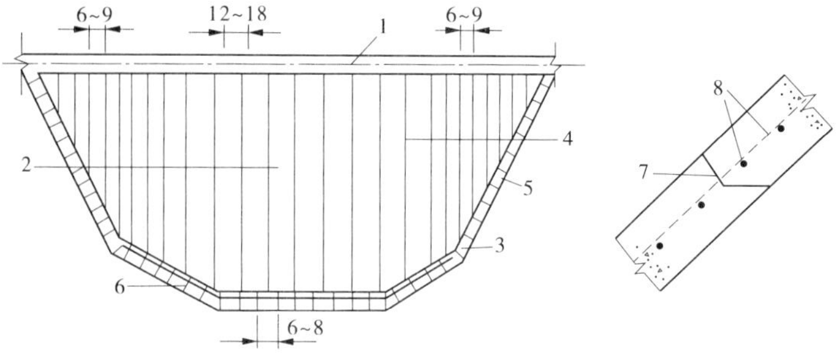

(a)分块示意图　(b)施工缝

1—坝轴线;2—面板;3—趾板;4—垂直伸缩缝;5—周边伸缩缝;
6—趾板伸缩缝;7—水平伸缩缝;8—面板钢筋

图 5-2　混凝土防渗面板分缝分块　(单位:m)

置锚筋、预埋灌浆导管、安装止水片及浇筑上游铺盖。混凝土浇筑中,应及时振实,注意止水片与混凝土的结合质量,结合面不平整度小于 5 mm。混凝土浇后 28 d 之内,20 m 之内不得进行爆破,20 m 之外爆破要严格控制装药量。

面板施工:在趾板施工完毕后进行。当坝高不大于 70 m 时,面板在堆石体填筑全部结束后施工,这主要考虑避免堆石体沉陷和位移对面板产生的不利影响。高于 70 m 的堆石坝,考虑需拦洪度汛,提前蓄水,面板宜分二期或三期浇筑,分期接缝应按施工缝处理。面板混凝土浇筑宜采用无轨滑模,起始三角块宜与主面板块一起浇筑。面板混凝土宜采用跳仓浇筑。滑模应具有安全措施,固定卷扬机的地锚应可靠,滑模应有制动装置。面板钢筋采用现场绑扎或焊接,也可用预制网片现场拼接。混凝土浇筑中,铺料要均匀,每层铺料 250 ~ 300 cm。止水片周围需人工布料,防止分离。振捣混凝土时,要垂直插入,至下层混凝土内 5 cm,止水片周围用小振捣器仔细振捣。振动过程中,防止振捣器触及滑模、钢筋、止水片。脱模后的混凝土,要及时修整和压面。

滑模滑升时,要保持两侧同步,每次滑升距离不大于 30 cm,滑升间隔时间不应超过 30 min。面板浇筑的平均速度为 1.5 ~ 2.5 m/h。

面板混凝土浇筑质量检测项目和技术要求见表 5-4。

表 5-4　面板混凝土浇筑质量检测项目和技术要求

项目	质量要求	检测方法
混凝土表面	表面基本平整,局部不超过设计线 3 cm,无麻面,蜂窝狗洞露筋	测量观察
表面裂缝	无或有小裂缝已处理	观察测量
深层及贯穿裂缝	无或有已按要求处理	观察检察
抗压强度	保证率不小于 80%	试验
均匀性	离差系数 C_v 小于 0.18	统计分析
抗冻性	符合设计要求	试验
抗渗性	符合设计要求	试验

检查数量要求：

（1）趾板浇筑：每浇一块或每 50 ~ 100 m^3 至少有一组抗压强度试件，每 200 m^3 成型一组抗冻、抗渗检验试件。

（2）面板浇筑：每班取一组抗压强度试件，抗渗检验试件每 500 ~ 1 000 m^3 成型一组，抗冻检验试件每 1 000 ~ 3 000 m^3 成型一组，不足以上数量者，也应取一组试件。

4 沥青混凝土面板施工

沥青混凝土由于抗渗性好，适应变形能力强，工程量小，施工速度快，正在广泛用于土石坝的防渗体。

沥青混凝土的施工方法有碾压法、浇筑法、预制装配法和填石振压法四种。碾压法是将热拌沥青混合料摊铺后碾压成型的施工方法，用于土石坝的心墙和斜墙施工；浇筑法是将高温流动性热拌沥青混合材料灌注到防渗部位，一般用于土石坝心墙；预制装配法是把沥青混合料预制成板或块，在现场装配，目前使用尚少；填石振压法是先将热拌的细粒沥青混合材料摊铺好，填放块石，然后用巨型振动器将块石振入沥青混合料中。在我国应用较为普遍是碾压施工法，现简介如下。

沥青混凝土原材料：沥青是主要材料，品种和标号应根据设计要求而定，一般选用道路石油沥青 60 甲和 100 甲。粗骨料宜选碎石，最大粒径小于铺筑层厚度的 1/3，且不大于 25 mm，分成 2 ~ 3 级配料，细骨料可选河砂、山砂、人工砂。骨料要求干净、稳定性好。按满足 5 d 以上施工需要量储存。填料种类有石棉、消石灰、水泥、橡胶、塑料等，其掺量由试验确定。

沥青混凝土施工工艺见图 5-3。施工中对温度要严加控制，其标准根据材料性质、施工地区和施工季节，由试验确定。在日平均气温高于 5 ℃ 和日降雨量小于 5 mm 时方可施工，日气温虽然在 5 ~ 15 ℃，风速大于 4 级，也不能施工。

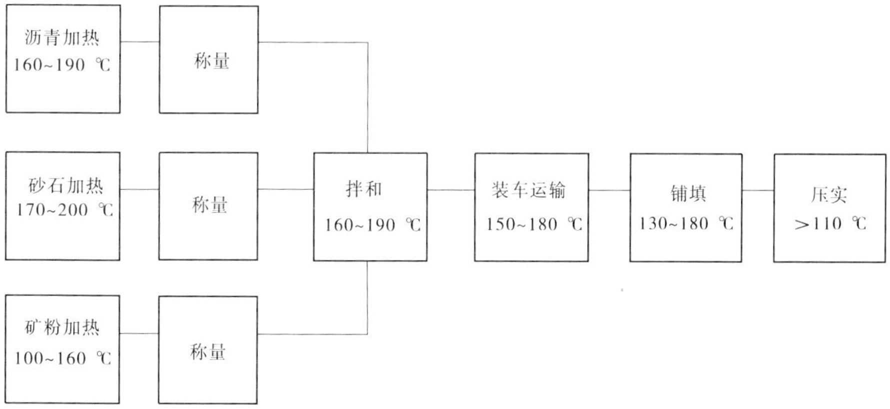

图 5-3 沥青混凝土防渗体施工工艺

4.1 沥青混凝土斜墙施工

沥青混凝土斜墙施工是在坡面上进行的，施工难度较大，尽量采用机械化流水作业。首先进行修整和压实坡面，然后铺设垫层，在垫层面上喷涂一层乳化沥青或稀释沥青。准备工作完成后,用摊铺机或人工铺筑整平胶结层。防渗层一般采用多层铺筑,各区段条幅宽度间上下层接缝必须相互错开,水平接缝的错距应大于1 m,顺坡纵缝的错距一般为条幅宽度的1/3~2/3。先用小型振动碾进行初压,再用大型振动碾二次碾压,上行振压,下行静压。施工接缝及碾压带间,应重叠碾压10~15 cm。压实温度应高于110 ℃,二次碾压温度高于80 ℃。防渗层的施工缝是面板的薄弱环节,尽量加大条幅摊铺宽度和长度,减少纵向和横向施工缝。防渗层的施工缝以采用斜面平接为宜,斜面坡度一般为45°。整平胶结层的施工缝可不作处理。上下层的层面必须干燥,间隔不超过48 h。防渗层层间应喷涂一薄层稀沥青或热沥青,用喷洒法施工或橡胶刮板涂刷。

4.2 沥青混凝土心墙施工

沥青混凝土心墙位于坝体中部,它与过渡层、坝壳填筑尽量平起均衡施工,填铺与压实都在平面上进行,相对斜墙而言施工难度较小。一般采用专用机械施工。先进行支立钢模,表面涂刷脱模剂。钢模支立要牢固准确,检查合格后用防雨布等遮盖,填筑两侧过渡料。过渡层压实,要两侧同时进行(距钢模15~20 cm部分与防渗体同压),压实合格后,再将沥青混合料注入钢模内铺平。碾压前将钢模拔出。铺填沥青混凝土前,先清面,用红外线加热器加热到70 ℃以上,然后铺填沥青混合料,摊铺厚度一般为20~30 cm,用振动碾在防雨布上进行碾压,先静压2遍,然后振压规定遍数。尽量减少横向接缝,必须设缝时,接缝坡度为1∶3,上下层的横缝互相错开,错距大于2 m,重叠碾压30~50 cm。心墙铺筑后,在心墙两侧4 m范围过渡层的压实,禁止使用大型机械。

项目6 施工质量控制及检查

项目任务书

项目名称		施工质量控制及检查	参考课时	6
学习型工作任务		任务1 施工质量控制		6
项目任务		让学生了解施工质量控制内容及方法,学会分析质量事故原因		
教学内容		(1)施工质量事前控制;(2)质量监督与检查;(3)施工质量监督控制手段;(4)质量事故原因分析		
教学目标	知识	(1)了解施工质量控制内容;(2)掌握施工质量控制方法;(3)掌握事故原因分析		
	技能	质量事故原因分析		
	态度	(1)具有刻苦学习精神;(2)具有吃苦耐劳精神;(3)具有敬业精神;(4)具有团队协作精神;(5)诚实守信		
教学实施		对施工质量事故案例进行原因分析		
项目成果		施工质量事故案例分析		
技术规范		《碾压式土石坝施工技术规范》(SDJ 213—83)		

任务1 施工质量控制

目标:(1)熟悉施工质量控制;
(2)掌握施工质量控制任务;
(3)掌握施工质量控制方法;
(4)掌握质量事故原因分析。

执行过程:施工质量控制的任务→质量事前控制→质量事中控制→质量事后控制→质量控制方法→质量控制监督方法→质量事故原因分析→事故处理方案→质量事故处理的鉴定验收。

要点:(1)施工质量控制的任务;
(2)质量事前控制;
(3)质量控制监督方法;
(4)质量事故原因分析;
(5)事故处理方案。

提交成果:施工质量事故案例分析及其处理方案设计。

施工质量控制是施工管理的中心内容之一。施工技术组织措施的实施与改进、施工规程的制定与贯彻、施工过程的安排与控制,都是以保证工程质量为主要前提,也是最终形成工程产品质量和工程项目使用价值的保证。

1　施工质量控制的任务

施工质量控制的中心任务是要通过建立健全有效的质量监督工作体系来确保工程质量达到合同规定的标准和等级要求。根据工程质量形成的时间阶段,施工质量控制又可分为质量的事前控制、事中控制和事后控制。其中,工作的重点应是质量的事前控制。

1.1　质量事前控制

(1)确定质量标准,明确质量要求。

(2)建立本项目的质量监理控制体系。

(3)施工场地质量验收。

(4)建立完善质量保证体系。

(5)检查工程使用的原材料、半成品。

(6)施工机械的质量控制。

(7)审查施工组织设计或施工方案。

1.2　质量的事中控制

(1)施工工艺过程质量控制:现场检查、旁站、量测、试验。

(2)工序交接检查:坚持上道工序不经检查验收不准进行下道工序的原则,检验合格后签署认可才能进行下道工序。

(3)隐蔽工程检查验收。

(4)做好设计变更及技术核定的处理工作。

(5)工程质量事故处理:分析质量事故的原因、责任;审核、批准处理工程质量事故的技术措施或方案;检查处理措施的效果。

(6)进行质量、技术鉴定。

(7)建立质量监理日志。

(8)组织现场质量协调会。

1.3　质量的事后控制

(1)组织试车运转。

(2)组织单位、单项工程竣工验收。

(3)组织对工程项目进行质量评定。

(4)审核竣工图及其他技术文件资料,搞好工程竣工验收。

(5)整理工程技术文件资料并编目建档。

2　质量控制的基本方法

2.1　施工质量控制的工作程序

工程项目施工过程中,为了保证工程施工质量,应对工程建设对象的施工生产进行全过程、全面的质量监督、检查与控制,即包括事前的各项施工准备工作质量控制、施工过程中的控制,以及各单项工程及整个工程项目完成后,对建筑施工及安装产品质量的事后控制。

2.2 施工质量控制的途径

在施工过程中,质量控制主要是通过审核有关文件、报表,以及进行现场检查及试验这两条途径来实现的。

2.2.1 审核有关技术文件、报告或报表

(1)审查进入施工单位的资质证明文件。

(2)审查开工申请书,检查、核实与控制其施工准备工作质量。

(3)审查施工方案、施工组织设计或施工计划,保证工程施工质量的技术组织措施。

(4)审查有关材料、半成品和构配件质量证明文件(出厂合格证、质量检验或试验报告等),确保工程质量有可靠的物质基础。

(5)审核反映工序施工质量的动态统计资料或管理图表。

(6)审核有关工序产品质量的证明文件(检验记录及试验报告)、工序交接检查(自检)、隐蔽工程检查、分部分项工程质量检查报告等文件、资料,以确保和控制施工过程的质量。

(7)审查有关设计变更、修改设计图纸等,确保设计及施工图纸的质量。

(8)审核有关应用新技术、新工艺、新材料、新结构等的应用申请报告后,确保新技术应用的质量。

(9)审查有关工程质量缺陷或质量事故的处理报告,确保质量缺陷或事故处理的质量。

(10)审查现场有关质量技术签证、文件等。

2.2.2 质量监督与检查

现场监督检查的内容有:

(1)开工前的检查。主要是检查开工前准备工作的质量,能否保证正常施工及工程施工质量。

(2)工序施工中的跟踪监督、检查与控制。主要是监督、检查在工序施工过程中,人员、施工机械设备、材料、施工方法及工艺或操作以及施工环境条件等是否均处于良好的状态,是否符合保证工程质量的要求,若发现有问题应及时纠偏和加以控制。

(3)对于重要的和对工程质量有重大影响的工序,还应在现场进行施工过程的旁站监督与控制,确保使用材料及工艺过程质量。

(4)工序的检查、工序交接检查及隐蔽工程检查。在施工单位自检与互检的基础上,隐蔽工程须经监理人员检查确认其质量后,才允许加以覆盖。

(5)复工前的检查。当工程因质量问题或其他原因停工后,在复工前应经检查认可后,下达复工指令,方可复工。

(6)分项、分部工程完成后,应检查认可,并签署中间交工证书。

2.2.3 现场质量检验工作的作用

要保证和提高工程施工质量,质量检验与控制是施工单位保证施工质量十分重要的、必不可少的手段。质量检验的主要作用如下:

(1)它是质量保证与质量控制的重要手段。

(2)质量检验为质量分析与质量控制提供了所需依据的有关技术数据和信息。

(3)保证材料与物资的质量合格，避免因材料、物资的质量问题而导致工程质量事故的发生。

(4)在施工过程中，可以及时判断质量，采取措施，防止质量问题的延续与积累。

(5)在某些工序施工过程中，通过旁站监督，在施工过程中采取某些检验手段及所显示的数据，可以判断其施工质量。

2.2.4 现场质量控制的方法

施工现场质量控制的有效方法就是采用全面质量管理。

全面质量管理的基本方法，可以概括为四个阶段、八个步骤和七种工具。

2.2.4.1 四个阶段

质量管理过程可分成四个阶段，即计划、执行、检查和措施，简称 PDCA 循环。PDCA 循环的特点有三个：

(1)各级质量管理都有一个 PDCA 循环，形成一个大环套小环，一环扣一环，互相制约，互为补充的有机整体。在 PDCA 循环中，一般说，上一级的循环是下一级循环的依据，下一级的循环是上一级循环的落实和具体化。

(2)每个 PDCA 循环，都不是在原地周而复始运转，而是像爬楼梯那样，每一循环都有新的目标和内容，这意味着质量管理，经过一次循环，解决了一批问题，质量水平有了新的提高。

(3)在 PDCA 循环中，A 是一个循环的关键，这是因为在一个循环中，从质量目标计划的制订、质量目标的实施和检查，到找出差距和原因。

2.2.4.2 八个步骤

为了保证 PDCA 循环有效地运转，有必要把循环的工作进一步具体化，一般细分为以下八个步骤：

(1)分析现状，找出存在的质量问题。

(2)分析产生质量问题的原因或影响因素。

(3)找出影响质量的主要因素。

(4)针对影响质量的主要因素，制定措施，提出行动计划，并预计改进的效果。

以上四个步骤是“计划”阶段的具体化。

(5)质量目标措施或计划的实施，这是“执行”阶段。

在执行阶段，应该按上一步所确定的行动计划组织实施，并予以人力、物力、财力等保证。

(6)调查采取改进措施以后的效果，这是“检查”阶段。

(7)总结经验，把成功和失败的原因系统化、条例化，使之形成标准或制度，纳入到有关质量管理的规定中去。

(8)提出尚未解决的问题，转入下一个循环。

最后两个步骤属于“措施”阶段。

2.2.4.3 七种工具

在以上八个步骤中，需要调查、分析大量的数据和资料，才能作出科学的分析和判断。常用的七种工具是：排列图、直方图、因果分析图、分层法、控制图、散布图、统计分析表等。

2.2.5 施工质量监督控制手段

施工质量监督控制，一般可采用以下几种手段：旁站监督、测量、试验、指令文件、规定的质量监控程序。

3 质量事故原因分析

3.1 常见的工程质量事故发生的原因

归纳起来主要有以下几方面:

(1)违背基本建设规律。基本建设程序是工程项目建设过程及其客观规律的反映,但有些工程不按基本建设程序办事。

(2)地质勘察原因。诸如未认真进行地质勘察或勘探时钻孔深度、间距、范围不符合规定要求,地质勘察报告不详细、不准确、不能全面反映实际的地基情况等,从而使得或地下情况不清,或对基岩起伏分布误判等,它们均会导致采用不恰当或错误的基础方案,造成地基不均匀沉降、失稳,使上部结构或墙体开裂、破坏,或引发建筑物倾斜、倒塌等质量事故。

(3)对不均匀地基处理不当。对软弱土、杂填土、冲填土、大孔性土或湿陷性黄土、膨胀土、红黏土、岩溶、土洞、岩层出露等不均匀地基未进行处理或处理不当也是导致重大事故的原因。必须根据不同地基的特点,从地基处理、结构措施、防水措施、施工措施等方面综合考虑,加以治理。

(4)设计计算问题。诸如盲目套用图纸,采用不正确的结构方案,计算简图与实际受力情况不符,荷载取值过小,内力分析有误,沉降缝或变形缝设置不当,悬挑结构未进行抗倾覆验算,以及计算错误等,都是引发质量事故的隐患。

(5)建筑材料及制品不合格。

(6)施工与管理问题。

(7)自然条件影响。空气温度、湿度、暴雨、风、浪、洪水、雷电、日晒等均可能成为质量事故的诱因,施工中应特别注意并采取有效的措施预防。

3.2 质量事故原因分析

由于影响工程质量的因素众多,所以引起质量事故的原因也错综复杂,应对事故的特征表现,以及事故条件进行具体分析。

工程质量事故原因分析可概括为如下的方法和步骤:

(1)对事故情况进行细致的现场调查研究,充分了解与掌握质量事故或缺陷的现象和特征。

(2)收集资料(如施工记录等),调查研究,摸清质量事故对象在整个施工过程中所处的环境及面临的各种情况。

(3)分析造成质量事故的原因。根据对质量事故的现象及特征,结合施工过程中的条件,进行综合分析、比较和判断,找出造成质量事故的主要原因。对于一些特殊、重要的工程质量事故,还可能进行专门的计算、试验验证分析,并分析其原因。

4 质量事故的处理

4.1 施工质量事故处理程序

施工质量事故发生后,一般可以按以下程序进行处理,如图6-1所示。

(1)当出现施工质量缺陷或事故后,应停止有质量缺陷部位和其有关部位及下道工

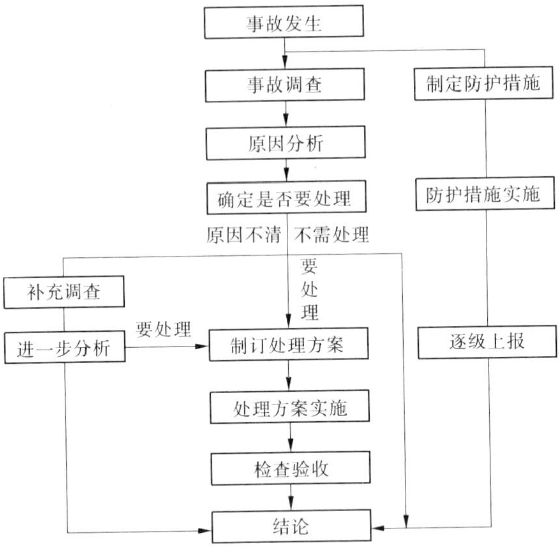

图 6-1　质量事故分析处理程序

序施工，需要时，还应采取适当的防护措施。同时，要及时上报主管部门。

(2)进行质量事故调查，主要目的是要明确事故的范围、缺陷程度、性质、影响和原因，为事故的分析处理提供依据。调查力求全面、准确、客观。

(3)在事故调查的基础上进行事故原因分析，正确判断事故原因。事故原因分析是确定事故处理措施方案的基础。正确的处理来源于对事故原因的正确判断。只有对调查提供的充分的调查资料、数据进行详细、深入的分析后，才能由表及里、去伪存真，找出造成事故的真正原因。

(4)研究制订事故处理方案。事故处理方案的制订应以事故原因分析为基础。如果某些事故一时认识不清，而且事故一时不致产生严重的恶化，可以继续进行调查、观测，以便掌握更充分的资料数据，做进一步分析，找到原因，以利制订方案。

(5)按确定的处理方案对质量缺陷进行处理。

(6)在质量缺陷处理完毕后，应组织有关人员对处理结果进行严格的检查、鉴定和验收。

4.2　事故处理方案的确定

一般的质量事故处理必须具备以下资料：

(1)施工质量事故有关的施工图。

(2)与施工有关的资料、记录。

(3)事故调查分析报告。

4.3　质量事故处理的鉴定验收

事故处理的质量检查鉴定，应严格按施工验收规范及有关标准的规定进行，必要时还应通过实际量测、试验和仪表检测等方法获取必要的数据，才能对事故的处理结果作出确切的检查结论和鉴定结论。

项目7 施工进度计划编制及资源使用计划

项目任务书

<table>
<tr><td colspan="2">项目名称</td><td>施工进度计划编制及资源使用计划</td><td>参考课时</td><td>8</td></tr>
<tr><td colspan="2" rowspan="3">学习型工作任务</td><td colspan="2">任务1 进度计划概述</td><td>2</td></tr>
<tr><td colspan="2">任务2 施工总进度计划的编制</td><td>4</td></tr>
<tr><td colspan="2">任务3 资源需要量使用计划</td><td>2</td></tr>
<tr><td colspan="2">项目任务</td><td colspan="3">让学生学会施工进度计划编制</td></tr>
<tr><td colspan="2">教学内容</td><td colspan="3">(1)施工进度计划;(2)计划编制;(3)资源使用计划</td></tr>
<tr><td rowspan="3">教学目标</td><td>知识</td><td colspan="3">(1)熟悉施工进度计划概念;(2)掌握施工进度计划编制方法;(3)熟悉资源使用计划</td></tr>
<tr><td>技能</td><td colspan="3">学会施工进度计划编制</td></tr>
<tr><td>态度</td><td colspan="3">(1)具有刻苦学习精神;(2)具有吃苦耐劳精神;(3)具有敬业精神;(4)具有团队协作精神;(5)诚实守信</td></tr>
<tr><td colspan="2">教学实施</td><td colspan="3">查阅大、小土石坝工程施工进度计划</td></tr>
<tr><td colspan="2">项目成果</td><td colspan="3">某工程施工进度计划</td></tr>
<tr><td colspan="2">技术规范</td><td colspan="3">《碾压式土石坝施工技术规范》(SLJ 213—83)</td></tr>
</table>

任务1 进度计划概述

目标:(1)掌握施工进度计划内容;

(2)掌握施工进度计划类型。

执行过程:施工进度计划内容→施工进度计划类型→施工总进度计划→单项工程进度计划→单位工程进度计划→施工作业计划。

要点:(1)施工进度计划内容;

(2)施工进度计划类型。

提交成果:编制施工进度计划。

1 施工进度计划内容

施工进度计划是施工组织设计的中心内容,它要保证建设工程按合同规定的期限交付使用。施工中的其他工作必须围绕着并适应施工进度计划的要求安排施工。

最广为接受的施工进度记录形式是每日施工报告,它由驻地项目代表,或者如果生效的话,由承包商的质量控制代表逐日填写,即使在施工现场的某天并未开工,也应该这么做。这种报告通常会被复印多份或者直接在复写纸上打印,以生成必须的多份复印件。

作为工程进度记录,制作每日报告很有必要。它与工程监理人员的日志相结合,保证了两种类型的独立文档记录。在这种方式下,只限于在日志中加以记录的专有信息越多,在每日施工进度报告中的施工进度就越真实,因为它反映的信息更广泛、更完整。

施工进度计划的编制原则是:从实际出发,注意施工的连续性和均衡性;按合同规定的工期要求,做到好中求快,提高竣工率;讲求综合经济效果。

施工进度计划的编制是按流水作业原理的网络计划方法进行的。流水作业是在分工协作和大批量生产的基础上形成的一种科学的生产组织方法。这样既保证了各施工队组工作的连续性,又使后一道工序能提前插入施工,充分利用了空间,又争取了时间,缩短了工期,使施工能快速而稳定的进行。利用网络计划方法编制施工进度计划,则可将整个施工进程联系起来,形成一个有机的整体,反映出各项工作(工程或工序)的工艺联系和组织联系,能为管理人员提供各种有用的管理信息。

2　施工进度计划类型

2.1　施工总进度计划

施工总进度计划是以整个水利水电枢纽工程为编制对象,拟定出其中各个单项工程、单位工程的施工顺序和建设进度,以及整个工程施工前的准备工作、完工后的结尾工作的项目和施工期限。施工总进度计划的任务是:分析工程所在地区的自然条件、社会经济资源、影响施工质量与进度的关键因素,确定关键性工程的施工分期和施工程序,并协调安排其他工程的施工进度,使整个工程施工前后兼顾、互相衔接、均衡生产,从而最大限度地合理使用资金、劳力、设备、材料,在保证工程质量和施工安全的前提下,按时或提前建成投产。

2.2　单项工程进度计划

单项工程进度计划是以枢纽工程中的主要工程项目(如大坝、水电站等单项工程)为编制对象,并将单项工程划分成单位工程或分部分项工程,拟定出其中各项目的施工顺序和建设进度,以及相应的施工准备工作内容和施工期限。

2.3　单位工程进度计划

单位工程进度计划是以单位工程(如土坝的基础工程、防渗体工程、坝体填筑工程等)为编制对象,拟定出其中各分部分项工程的施工顺序、建设进度以及相应的施工准备工作内容和施工期限。

2.4　施工作业计划

施工作业计划是以某一施工作业过程(即分项工程)为编制对象,制定出该作业过程的施工起止日期,以及相应的施工准备工作内容和施工期限,它是最具体的实施性进度计划。

任务2 施工总进度计划的编制

目标:(1)掌握施工总进度计划的编制方法;
(2)熟悉施工总进度计划的编制原则;
(3)熟悉施工总进度计划的编制步骤。

执行过程:施工总进度计划编制原则→掌握施工总进度计划的编制方法→施工总进度计划的编制步骤。

要点:(1)施工总进度计划的编制方法;
(2)熟悉施工总进度计划的编制原则;
(3)熟悉施工总进度计划的编制步骤。

提交成果:施工总进度计划的编制。

1 施工总进度计划的编制原则

施工总进度计划的编制原则包括:

(1)方针政策、国家法令法规、上级指示和要求。

(2)专业的密切联系,统筹考虑。

(3)先进的施工技术和设备,最大限度地组织均衡施工;准备工程的施工进度,在主体工程开工前,相应各项准备工作应基本完成,为主体工程开工和顺利进行创造条件。

(4)分期建设或分期蓄水的可能性。

2 施工总进度计划的编制方法

2.1 基本资料的收集和分析

(1)上级主管部门对工程建设的指示和要求,有关工程的合同协议。

(2)设计文件和有关的法规、技术规范、标准。

(3)工程勘测和技术经济调查资料。

(4)工程规划设计和概预算方面的资料。

(5)施工组织设计其他部分对施工进度的限制和要求。

(6)施工单位施工技术与管理方面的资料,类似工程的经验及施工组织设计资料等。

(7)征地及移民搬迁安置情况。

(8)其他有关资料。如环境保护、文物保护和野生动物保护等。

2.2 施工总进度计划的编制步骤

2.2.1 确定施工过程

根据结构特点、施工方案及劳动组织确定拟建工程的施工过程,它包括直接在建筑物(构筑物)上施工的所有分部分项工程,一般不包括加工厂的构配件制作和运输工作。

施工过程名称尽可能与现行定额手册上的项目名称一致,其排列宜按施工顺序列出。

施工过程划分的详细程度主要取决于客观需要。编制控制性施工进度计划,施工过程可划分得粗一些,可只列出分部工程,如单层厂房的施工进度计划,可只列土方工程,基础工程、预制工程、吊装工程……。编制实施性施工进度计划时，应划分得细一些，特别是其中的主导工程和主要分部工程，应尽量详细而且不漏项，这样便于指导施工。如上述的单层厂房的实施性施工进度计划中，对每一分部工程还要列出若干细项，如预制工程可分为柱子预制、屋架预制，而各种构件预制又分为支撑模板、绑扎钢筋、浇筑混凝土等。但对劳动量很少、不重要的小项目不必一一列出，通常将其归入相关的施工过程或合并为“其他”一项。

划分施工过程时，要密切结合确定的施工方案。由于施工方案不同，施工过程名称、数量和内容亦会有所不同。如某深基坑施工，当采用放坡开挖时，其施工过程有井点降水和挖土两项；当采用板桩支护时，其施工过程就包括井点降水、打板桩和挖土三项。

2.2.2　计算工程量

工程量计算应根据施工图和工程量计算规则进行。为了便于计算和复核，工程量计算应按一定的顺序和格式进行。工程量计算的方法与工程预算类似。

在实际工作中，一般先编制工程预算书，如果施工进度计划所用定额和施工过程的划分与工程预算书一致，则可直接利用预算的工程量，不必重新进行计算。若某些项目有出入，或分段分层有所不同，可结合施工进度计划的要求进行变更、调整和补充。

2.2.3　确定劳动量和机械台班数

根据施工过程的工程量、施工方法和地方颁发的施工定额，并参照施工单位的实际情况，确定计划采用的定额（时间定额和产量定额），以此计算劳动量和机械台班数：

$$p = \frac{Q}{S} \tag{7-1}$$

$$p = QH \tag{7-2}$$

式中　p——某施工过程所需劳动量（或机械台班数）；

Q——该施工过程的工程量；

S——计划采用的产量定额（或机械产量定额）；

H——计划采用的时间定额（或机械时间定额）。

使用定额，有时会遇到施工进度计划中所列施工过程的工作内容与定额中所列项目不一致的情况，这时应予以补充。通常有下列两种情况：

（1）施工进度计划中的施工过程所含内容为若干分项工程的综合，此时，可将定额作适当扩大，求出平均产量定额，使其适应施工进度计划中所列的施工过程。平均产量定额可按下式计算：

$$\overline{S} = \frac{\sum_{1}^{n} Q_1}{\frac{Q_1}{S_1} + \frac{Q_2}{S_2} + \cdots + \frac{Q_n}{S_n}} \tag{7-3}$$

式中　$Q_1, Q_2, \cdots, Q_n$——同一施工过程中各分项工程的工程量；

$S_1, S_2, \cdots, S_n$——同一施工过程中各分项工程的产量定额（或机械产量定额）；

$\overline{S}$——施工过程的平均产量定额（或平均机械产量定额）。

（2）有些新技术或特殊的施工方法，其定额尚未列入定额手册中，此时，可将类似项目的定额进行换算，或根据试验资料确定，或采用三时估计法。三时估计法求平均产量定额可按下计算：

$$\bar{S}=\frac{1}{6}(a+4m+b) \tag{7-4}$$

式中 a——最乐观估计的产量定额；

b——最保守估计的产量定额；

m——最可能估计的产量定额。

2.2.4 确定各施工过程的作业天数

计算各施工过程的持续时间的方法一般有两种：

(1)根据配备在某施工过程上的施工工人数量及机械数量来确定作业时间。

根据施工过程计划投入的工人数量及机械台数，可按下式计算该施工过程的持续时间：

$$T=\frac{p}{nb} \tag{7-5}$$

式中 T——完成某施工过程的持续时间(工日)；

p——该施工过程所需的劳动量(工日)或机械台班数(台班)；

n——每工作班安排在该施工过程上的机械台数或劳动的人数；

b——每天工作班数。

(2)根据工期要求倒排进度，即由 T、p、b 求 n。

此时将式(7-5)变换为

$$n=\frac{p}{Tb} \tag{7-6}$$

即可求得 n 值。

确定施工持续时间，应考虑施工人员和机械所需的工作面。人员和机械的增加可以缩短工期，但它有一个限度，超过了这个限度，工作面不充分，生产效率必然会下降。

2.2.5 编制施工进度计划

编排施工进度计划的一般方法，是首先找出并安排控制工期的主导施工过程，并使其他施工过程尽可能地与其平行施工或作最大限度的搭接施工。

在主导施工过程中，先安排其中主导的分项工程，而其余的分项工程则与它配合、穿插、搭接或平行施工。

在编排时，主导施工过程中的各分项工程，各主导施工过程之间的组织，可以应用流水施工方法和网络计划技术进行设计，最后形成初步的施工进度计划。

无论采用流水作业法还是采用网络计划技术，对初步安排的施工进度计划均应进行检查、调整和优化。检查的主要内容有：是否满足工期要求；资源(劳动力、材料及机械)的均衡性；工作队的连续性；以及施工顺序、平行搭接和技术或组织间歇时间等是否合理。根据检查结果，如有不足之处应予调整，必要时应采取技术措施和组织措施，使有矛盾或不合理、不完善处的工序持续时间延长或缩短，以满足施工工期和施工的连续性(一般主要施工过程应是连续的)和均衡性。

此外，在施工进度计划执行过程中，往往会因人力、物力及客观条件的变化而打破原订计划，或超前或推迟。因此，在施工过程中，也应经常检查和调整施工进度计划。近年来，计算机已广泛用于施工进度计划的编制、优化和调整，它具有很多优越性，尤其是在优化和快速调整方面更能发挥其计算迅速的优点。

任务 3　资源需要量使用计划

目标：(1) 熟悉各类需要量；

(2) 熟悉需要量计划编制。

执行过程：各主要工种劳动力需要量→主要劳动力需要量计划→施工机械需要量计划→主要材料及构、配件需要量计划。

要点：(1) 需要计划；

(2) 各类需要计划编制。

提交成果：编制资源需要量使用计划。

单位工程施工进度计划确定之后，可据此编制各主要工种劳动力需要量计划及施工机械、模具、主要建筑材料、构件、加工品等的需要计划，以利于及时组织劳动力和技术物资的供应，保证施工进度计划的顺利执行。

1　主要劳动力需要量计划

将各施工过程所需要的主要工种劳动力，根据施工进度的安排进行叠加，就可编制出主要工种劳动力需要量计划，如表 7-1 所示。它的作用是为施工现场的劳动力调配提供依据。

表 7-1　劳动力需要量计划表

序号	工程名称	总劳动量	每月需要量(工日)			
			1	2	…	12

2　施工机械需要量计划

根据施工方案和施工进度确定施工机械的类型、数量、进场时间。一般是把单位工程施工进度表中每一个施工过程、每天所需的机械类型、数量和施工日期进行汇总，以得出施工机械模具需要量计划，如表 7-2 所示。

表 7-2　施工机械、模具需要量计划表

序号	机械名称	机械类型(规格)	需要量		来源	使用起始时间	说明
			单位	数量			

3 主要材料及构配件需要量计划

材料需要量计划主要为组织备料,确定仓库、堆场面积,组织运输之用。其编制方法是将施工预算中或进度表中各施工过程的工程量,按材料名称、规格,使用时间并考虑到各种材料消耗进行计算汇总即为每天(或旬、月)所需材料数量。材料需要量计划格式如表7-3所示。

表7-3 主要材料需要量计划表

序号	材料名称	规格	需要量		供应时间	说明
			单位	数量		

若某分部分项工程是由多种材料组成,例如混凝土工程,在计算其材料需要量时,应按混凝土配合比,将混凝土工程量换算成水泥、砂、石、外加剂等材料的数量。

建筑结构构件、配件和其他加工品的需要量计划,同样可按编制主要材料需要量计划的方法进行编制。它是同加工单位签订供应协议或合同、确定堆场面积、组织运输工作的依据,如表7-4所示。

表7-4 构件需要量计划表

序号	品名	规格	图号	需要量		使用部位	加工单位	供应日期	说明
				单位	数量				

项目8 施工总体布置

项目任务书

<table>
<tr><td colspan="2">项目名称</td><td>施工总体布置</td><td>参考课时</td><td>8</td></tr>
<tr><td colspan="2" rowspan="3">学习型工作任务</td><td colspan="2">任务1 施工总体布置基本知识</td><td>2</td></tr>
<tr><td colspan="2">任务2 施工总体布置的步骤和方法</td><td>2</td></tr>
<tr><td colspan="2">任务3 施工临时设施布置及风、水、电供应</td><td>4</td></tr>
<tr><td colspan="2">项目任务</td><td colspan="3">让学生学会施工总体布置</td></tr>
<tr><td colspan="2">教学内容</td><td colspan="3">(1)施工总体布置知识;(2)施工总体布置步骤(3)施工总体布置方法;(4)施工临时设施布置</td></tr>
<tr><td rowspan="3">教学目标</td><td>知识</td><td colspan="3">(1)熟悉施工总体布置基本知识;(2)掌握施工总体布置的方法;(3)掌握施工总体布置的步骤;(4)了解施工临时设施布置</td></tr>
<tr><td>技能</td><td colspan="3">会进行施工总体布置</td></tr>
<tr><td>态度</td><td colspan="3">(1)具有刻苦学习精神;(2)具有吃苦耐劳精神;(3)具有敬业精神;(4)具有团队协作精神;(5)诚实守信</td></tr>
<tr><td colspan="2">教学实施</td><td colspan="3">对某土石坝水利枢纽进行施工总体布置</td></tr>
<tr><td colspan="2">项目成果</td><td colspan="3">施工总体布置书</td></tr>
<tr><td colspan="2">技术规范</td><td colspan="3">《土石坝施工组织设计规范》(SL 648—2013)</td></tr>
</table>

任务1 施工总体布置基本知识

目标:(1)掌握施工总体布置任务;

(2)掌握施工总体布置内容;

(3)熟悉初步设计阶段的内容。

执行过程:施工总体布置任务→施工总体布置内容→初步设计阶段的内容→施工总体布置基本原则。

要点:(1)施工总体布置基本原则;

(2)施工总体布置任务;

(3)施工总体布置内容;

(4)初步设计阶段的内容。

提交成果:查阅施工总体布置后的课程报告。

1 施工总体布置的任务、内容

1.1 施工总体布置的任务

施工总体布置设计,涉及的问题比较广泛,且每个工程各有其特点,共性少,难有一定格式可以沿用。所以,在设计过程中,要根据工程规模、特点和施工条件,以永久建筑物为中心,研究解决主体工程施工与其辅助企业、交通道路、仓库、临时房屋、施工动力、给排水管线及其他施工设施等总体布置问题,即正确解决施工地区的空间组织问题,以期在规定期限内完成整个工程的建设任务,并应注意下列各点:

(1)施工临时设施与水利水电枢纽工程永久性设施,应相互结合、统一规划。

(2)确定施工临时建设施工项目及其规模时,应研究利用已有的当地企业(或附近地区和其他专业部门经营的设施)为水利水电工程施工服务的可能性与合理性。

(3)建设工程所在地区,如果有国家批准的城镇建设规划,施工总体布置设计在满足工程施工需要和不增加(或增加很少)工程投资的前提下,尽可能结合城镇建设进行布置。

(4)主要施工设施和主要施工工厂及防洪标准应根据工程规模、工期长短、水文特性和损失大小,采用防御5~20年一遇的洪水,高于或低于上述标准,要进行论证。

(5)施工场内交通规划,必须满足工程施工需要,适应施工程序、工艺流程;全面协调单项工程、施工企业、地区间交通运输的连接与配合;力求使交通联系简便,运输组织合理,节省工程投资,减少管理运营费用。

(6)施工总布置设计,应紧凑合理,节约用地,并尽量利用荒地、滩地、坡地,不占或少占良田。

(7)统筹规划堆、弃渣场地,必须做好土石方量平衡设计,在不影响防洪情况下,尽量利用山沟、荒地、河滩堆渣,并做必要的疏导、排水工程。做好水土保持方案,如有条件,可适当考虑利用弃渣改土造田或做他用。如太平驿电站利用弃渣堆填场地为搬迁的村民修建房屋。

(8)施工总体布置设计除应遵循本部门各有关专业规程规范外,还应参照执行各有关专业部门颁布的规程、规范和规定。

(9)凡属下列特殊类别地区,不经论证,不得布置施工设施:①严重不良地质区域或滑坡体危害地区;②受泥石流或雪崩危害地区;③国家或地方政府保护的文物区、古迹、名胜区或自然保护区;④与重要资源开发有干扰的地区;⑤空气、水质、噪声等环境污染较严重地区;⑥受爆破或其他因素影响严重的地区。

1.2 施工总体布置的内容

施工总体布置总的来说应包括以下内容:一切原有的建筑物、构筑物(含地上、地下);一切拟建的建筑物、构筑物(含地上、地下);一切为拟建建筑物施工服务的临时建筑物和临时设施。该部分内容根据设计阶段不同,其深度不同。

1.2.1　可行性研究报告阶段的内容

(1)论证选择对外交通方式;

(2)研究主要生产、生活设施的规模;

(3)规划分区布置;

(4)估算临建工程量和施工占地。

1.2.2　初步设计阶段的内容

(1)选择对外交通方式及具体线路;提出选定方案的线路标准(包括改建、新建标准);重大部件运输措施;转运站、桥涵、隧洞、渡口、码头、仓库和装卸设施的规划与布置;水陆联运及国家干线的连接方案;对外交通工程施工进度安排。

(2)选定场内主要交通线路的规划、布置和标准;提出场内交通运输线路、工程设施工程量;提出在工程筹建期为施工单位进场施工创造条件的场内主要交通干线、桥梁、码头、车站、转运站、仓库、货场及装卸设施等工程项目的施工进度安排和技术要求;选定施工期间过坝交通运输方案;在永久和临时交通干线相结合时,提出场内交通干线的规划设计,以及其使用条件。

(3)确定施工现场分区布置(包括生产生活设施和交通运输等布置、占地面积及土石方工程量);提出场地平整土石方工程量、出渣及土石方平衡利用规划;提出各类房屋分区布置一览表;提出总的施工总布置图。

(4)提出工程施工期和工程筹建期所需要的总的施工征地面积、范围,以及两者的衔接和协调;提出各施工分区及分期施工场地范围内的各类移民、征地和实物指标,计算施工征地面积,提出分区分期施工的征地计划,研究征地再利用的可能性。

(5)提出工程筹建期和施工准备工程项目在布置、进度、施工之间的衔接和协调,绘制工程筹建期的施工总布置图。

1.2.3　技施设计阶段

(1)在初步设计确定的施工总布置方案的基础上,根据全工程合同的组合和划分情况,分别规划出各个合同的施工场地与合同责任区,并标出明显的分区标志。

(2)对于共用场地设施、道路等的使用、维护和管理等问题作出合理安排,明确各方的权利和义务。

(3)工程内外交通(包括施工期通航、过木设施),本阶段应在初步设计施工交通规划的基础上,进一步落实和完善,并从合同实施的角度,确定场内外工程各合同的划分及其实施计划。原则上对外交通和主要的场内交通干线、码头转运站等,由业主组织建设。至各个作业场或工作面的支线,由辖区承包商自行建设。场内外施工道路、专用铁路及航运码头的建设,一般按当地合同提前组织施工,以保证后续工程尽早具备开工条件。

(4)对于大型超限设备的运输问题,本阶段应与有关运输部门联系,共同研究制订超限运输措施并落实实施计划。在有条件的情况下,尽早考虑由承运单位与承包商直接建立运输合同,尽量简化现场合同管理工作。

(5)在初设施工组织设计基础上,根据技术设计提供的更为精确的土石方开挖量及土石料填筑量,进行全工程范围内的土石方平衡设计,最终确定土石料场、堆弃渣场的位置、数量与规模。

(6)对于施工期施工现场的“三废”、料场堆渣场、弃渣场以及露天开挖面等,均要按国家有关法律与规定作必要的环保设计。

(7)施工现场计划征用的土地,包括料场堆、弃渣场、作业场道路设施等占用的土地,均应本着节约的原则,认真考虑,并做出详细的分区分期征地计划。

2 施工总布置规划原则及规划分区

2.1 施工总布置规划原则

施工总体布置设计的基本原则为:应在因地制宜和利于生产、方便生活、快速安全、经济可靠、易于管理的原则指导下进行。同时应注意以下几点:

(1)根据工程施工特点及进度要求,选择适当的施工临时设施项目和规模。

(2)根据地形地质条件和枢纽布置情况,以分区规划为重点,结合场内外主要交通运输线路条件,按紧凑合理、节约用地、少占耕地的原则布置。

(3)做好土石方挖填平衡,在符合环保要求和不影响河道排洪及抬高下游尾水位的前提下,充分利用渣料形成施工场地。

(4)避免在下列地区设置施工临时设施:

①严重不良地质区域或滑坡体危害地区;

②泥石流、山洪、沙暴或雪崩可能危害地区;

③重点保护文物、古迹、名胜区或自然保护区;

④与重要资源开发有干扰的地区;

⑤受爆破或其他因素影响严重的地区。

(5)设在河道沿岸的主要施工场地,应根据工程规模、工期长短、河流水文特性等情况,选择5~20年重现期洪水标准予以防护,必要时应进行水力学模型试验,确定场地防护范围。

(6)工程施工区内当地政府若有城镇发展规划方案,则应在满足工程施工需要和不增加工程投资的前提下,适当结合城镇规划方案,设置各种临时生活福利设施,尽量使临建工程与永久设施结合。

(7)做好施工场地排水系统规划,并使废水排放符合环保要求。

(8)对工程弃渣应合理规划堆放,并采取水土保持措施,防止水土流失。

2.2 施工总布置规划分区

(1)施工总布置可按以下分区:①主体工程施工区;②施工工厂区;③当地建材开采区;④仓库、站场、码头等储运系统;⑤机电设备、金属结构和大型施工机械设备安装场地;⑥工程弃料堆放区;⑦施工管理中心及各施工工区;⑧生活福利区、施工单位营地。

(2)施工区布置应使枢纽工程施工形成最优工艺流程,分区间交通道路布置合理,运输方便,尽量避免反向运输和二次倒运。以混凝土建筑物为主的枢纽工程,施工区布置宜以砂石开采加工、混凝土拌和、浇筑系统为主线布置;以当地材料坝为主的枢纽工程,施工区宜以土石料采挖、加工、堆料场和上坝运输线为主线布置。

(3)机电设备、金属结构安装场地,宜靠近主要安装场地,无条件时,亦应有方便的运输道路。

(4)施工管理中心宜设在主体工程、施工工厂区和仓库区的适中地段,各施工区应靠近各施工对象。生活福利设施应考虑风向、日照、噪声、绿化、水源水质等因素,生活与生产区相对分离。

(5)主要施工物资仓库、站场、转运站等,一般布置在场内外交通衔接处,各承包单位的物资仓库可设在相应的施工区内;炸药库、雷管库、油库等,应按有关安全规程要求设置。

(6)现场内除业主自己经营的设施,或虽不由业主经营,但从现场全局规划来看,需要对某些设施的位置、容量、生产规模或其他布置上的要求作出具体规定外,一般对承包商辖区内的布置不宜规定过死,留给承包商一定的机动权,以便使他们能按照自己的生产经验与技术特点安排好自己辖区内的布置。

任务 2　施工总体布置的步骤和方法

目标:(1)掌握施工总体布置的步骤;

(2)掌握施工总体布置的方法。

执行过程:收集、分析、整理基本资料和设计条件→编制临建工程项目清单及其规模估算→具体布置各工区、各项临时设施→场内交通规划→施工场地竖向布置→调整、修整和完善施工总布置。

要点:(1)施工总体布置的步骤;

(2)施工总体布置的方法。

提交成果:根据资料自行编制施工总体布置。

1　收集、分析、整理基本资料和设计条件

深入现场调查研究、收集地形、地质、水文、气象资料、社会经济状况、工程设计导流方式和程序、天然建筑材料、对外交通运输条件、可供利用的住房情况、电力供应情况等资料。地形图一般为 1/10 000 ~ 1/1 000。

2　编制临建工程项目清单及其规模估算

在掌握基本资料的基础上,根据工程的施工条件,结合类似工程的施工经验,编制临时建筑物及设施的项目清单,并估算出它们的占地面积、工棚面积、建筑面积和布置要求,对于施工工厂项目要提出服务对象、生产能力、班制、人员,以及风、水、电的需用量等。编制项目清单时,应仔细研究工程的施工方法、施工程序,了解整个施工时期各阶段的施工需要,确定各临时建筑物的使用期限。

对于以混凝土建筑物为主体工程的枢纽,一般包括下列项目:

(1)混凝土生产(包括拌和楼、净料堆场、水泥库、制冷楼)和运输系统。

(2)砂石加工系统(包括破碎筛分厂、毛料堆场、净料堆场)。

(3)金属结构及机电加工拼装系统(包括金属结构加工厂、金属结构拼装场、钢管加工厂、钢管拼接场、制氧厂、机电拼装场、部件及装置性材料加工系统等)。

(4)机械修配系统(包括机械修配厂、汽车修配厂、汽车停放保养场、船舶修配厂、机车修配厂)。

(5)综合加工系统(包括木材、钢筋及混凝土预制)。

(6)风、水、电、通信系统(包括空压站、水厂、变电站、通信总机房)。

(7)基础处理系统(包括防渗墙施工设备及钻灌设备基地)。

(8)仓库系统(包括基地仓库、工区仓库、现场仓库、专业仓库)。

(9)交通运输系统(包括铁路车站、公路汽车站、码头港区轮渡)。

(10)办公生活福利系统(包括办公房屋、管理设施、单身宿舍、公共福利房屋、招待所)。

(11)水土保持与环境保护系统。

3 轮廓规划

轮廓规划是施工总布置极其关键的一步,着重解决施工总布置中的一些重大原则问题。例如,施工场地选择,是一岸布置还是两岸布置,是一个施工场地还是几个施工场地,如果有几个施工场地时,哪一个作为主要场地。再者区域如何划分,工地内部划分哪些区域和区域规划方式,哪些临时设施采取集中布置的方式,而哪些又采取分散布置的方式,以及施工场地内部布置几条主要交通干线?它们的高程各多少?场外交通与场内交通如何衔接?两岸交通联系采取何种方式,以及对外运输的场内码头、车站的位置与高程、过江桥的位置与高程等。

3.1 区域划分

大中型水利水电工程,可划分为下列几个主要区域:①主体工程施工区;②施工工厂区;③建筑材料开采区;④仓库、站、场(厂)、码头等储运系统;⑤机电、金属结构和大型施工机械设备安装场地;⑥工程弃料堆放区;⑦施工管理中心;⑧生活福利区等。

各区之间应以场内交通为纽带,按工艺流程和施工方案的要求,在布置上应做到协调统一,便于管理。

3.2 区域规划应着重研究的几个问题

(1)研究枢纽工程的组成和布置特点,确定施工设施的组成及其布置重点。对以混凝土建筑物为主体工程的枢纽,应以砂石料开采、加工、混凝土拌和浇筑系统的布置为重点,围绕它来布置其他各项临建设施;对以当地材料建筑物为主体工程的枢纽,应以土、石料场的采挖、加工、堆弃料场和上坝运输线路布置为重点。以重点为主导,力求将主要生产系统集中布置和尽量靠近有关主体工程施工区宽阔平坦的地段,占据有利地形,协调布置场内运输线路,其他系统企业围绕重点进行布置,确保主体工程顺利施工。

(2)研究主要场地内部运输干线的布置条件,如混凝土运输路线、土石方运输路线、砂石骨料运输路线、围堰及截流材料运输路线、重大件运输路线、两岸联系方式、上下游联系过坝方式等。

(3)研究施工场地地形、地质条件,结合工程特点、施工管理习惯、组织形式确定区域规划方式。混合式布置可做到有利生产、方便生活,又便于各工段内部的管理。集中布置可减少施工干扰,为文明施工创造条件,同时可结合城镇工农业发展规划,布置生活福利区以及辅助企业、站场区，繁荣地方经济，提高经济效益。

（4）研究各施工系统的生产工艺或使用方式，本身功能的特点决定了各系统的布置位置及顺序。

3.3 区域规划一般应遵循的原则

（1）以混凝土建筑物为主的枢纽工程，混凝土系统应尽可能靠近枢纽建筑物混凝土浇筑设备布置，缩短运距，减少混凝土运输时间；以当地材料为主的枢纽工程，其土石料场（含取料、堆存、中转）应力求布置在使用其综合运距最小的合适场地，使枢纽工程施工形成最优化工艺流程。

（2）机电设备、金属结构安装场地，应靠近安排地点和尽可能布置在主要施工工厂区附近。

（3）施工管理中心作为施工现场的总指挥部，布置时应尽量靠近主体工程，主要施工工厂区、仓库等区域的适中地段。主要施工工区应靠近该工区的主要施工对象。

（4）生活福利区应考虑风向、日照、噪声、绿化和水质等因素，最好集中布置在距施工现场有一定距离的地段。若职工居住区分散到各工区，则生产、生活应有明显的界限，其福利区宜规划在工区的适中地段。

（5）弃渣地点，应选择在主要施工场地以外地段的滩地、沟、谷等处。

（6）特种材料库（炸药、雷管库、油库等）应根据国家安全规程要求布置。

（7）主要施工器材仓库、站场、转运站等储运系统，一般应布置在与对外交通线易于连接，或在进入施工场地的入口处。

3.4 区域规划方式

根据工程特点、施工场地地形、地质和交通条件、施工管理的组织形式等，施工总布置一般除建筑材料开采区、转运站和特种材料仓库外，可分为集中式、分散式和混合式三种基本形式。

3.4.1 集中式布置

集中式布置的基本条件是枢纽永久建筑物集中在坝轴线附近，坝址附近两岸场地开阔，可基本上满足施工总布置的需要；交通条件比较方便，可就近与铁路或公路连接。因此，集中布置又可分为一岸集中布置方式和两岸集中布置方式，但其主要施工场地选择在对外交通线路引入的一岸。湖北陆水水利枢纽就是采取集中式一岸施工总布置的例子。长江三峡、葛洲坝和丹江口等水电枢纽是集中式两岸施工总布置的例子。

3.4.2 分散式布置

分散式布置有两种情况，一种是枢纽永久建筑物集中布置坝轴线附近，坝址位于峡谷地区，地形比较狭窄，施工场地沿河一岸或两岩冲沟延伸。因此，常把施工临时设施根据现场施工直接影响程度分别排队，把密切相关的项目靠近坝址布置，其他项目依次远离坝址。新安江水电枢纽、上犹江水电枢纽、资水柘溪水电枢纽就是因地形狭窄，而采用分散式施工总布置的例子。另一种情况是，因枢纽建筑物布置分散，如引水式水利水电工程主体建筑物的施工地段长达几千米甚至几十千米，为此常需在枢纽首部、末端和引水建筑物中间等地段设置主要的施工工区，负责该地段的全面施工，合理选择布置交通路线，妥善解决跨河桥渡的位置等构成有机整体。鱼子溪、鲁布革水电枢纽就是因枢纽主体建筑物布置分散,而采用分散式施工总布置的例子。

3.4.3 混合式布置

由于工程特性和自然条件各异,施工总布置采取多种形式,统称混合式布置。混合式布置有较大的灵活性,能更好地利用现场地形(斜坡、滩地、冲沟等)和不同地段场地条件,因地制宜地选择内部施工区域划分,以各区的布置要求和工艺流程为主,协调内部各生产环节,就近安排职工生活区,使该区构成有机的整体。黄河三门峡工程,由于坝区地形特别狭窄,只好采用混合式布置把现场施工区、施工工厂、仓库、居住区分开布置,把施工临时设施分第一线和第二线,第一线布置在现场,第二线布置在远离现场17 km的会兴镇后方基地,现场与基地间用准轨铁路专用线和公路连结起来。此外,还有刘家峡、碧口等枢纽也是采用混合式的施工总布置的例子。

根据我国水利水电工程施工经验,对于各项临时建筑物和施工设施,宜根据具体情况采取集中和分散相结合的混合式布置,例如砂石骨料的开采和加工,应根据料场的选择来决定,力求做到集中开采、集中加工。大型混凝土系统,多选择集中布置的方式,但应兼顾初期浇筑和零星的浇筑对象,必要时可以设置临时拌和站予以解决。机械修配系统尽可能简化,原则上只在各工区设设备保养站(含维修备品备件库)。交通运输系统则由全工地统一管理,为其服务的设施(如车库、保养场)应全盘规划。仓库设施,除设立集中的仓库区外,对于专用仓库(如水泥、炸药)和工区仓库,附属企业仓库都需分散布置。生活居住房屋一般也分散布置,形成与各工区相配合的生活区,但部分家属居住区可以在远离现场处适当集中。供电通常是建立全工地统一的供电系统,由供电站分区供应。供水、供风则往往是分区形成独立系统。场内交通要注意以下几条干线:两岸联系的线路,混凝土和水泥的运输路线,砂石骨料的运输线路,围堰施工的运输线路,基坑开挖出渣运输线路,金属结构和机电设备进厂线路,以及上下游联系的过坝线路等。上述这些干线一般采取分高程统筹布置的方式。低线用于施工的初期,高线用于施工的中、后期。两岸交通联系有可能时,宜在坝址下游修建永久性的跨河桥梁,保证全年运输畅通。当对外交通采用准轨铁路专用线时,工地车站位置应便于通向全场而不产生反向运输,并且与坝址应有适当距离,以便调整线路,适应施工高程的较大幅度变化,并避免压缩场地。工地车站应引出支线通往场内各大型施工工厂、仓库、水电站厂房和基坑施工现场等。这些线路的高程要根据地形、水文等自然条件和主体工程施工方法的要求来选定。砂石料运输取决于料场筛分厂和混凝土工厂的相对位置,可以设专线运输。场内铁路轨距,应力求简化,尽可能采用一种轨距,至多不要超过两种轨距。场内运输除铁路外,都应有公路联系,在通航河流上建坝,还应充分利用水运条件为工程施工服务。

4 具体布置各工区、各项临时设施

在施工场地区域规划后,进行各项临时设施的具体布置。具体布置包括场内交通线路布置,施工辅助企业和其他施工辅助设施布置,风、水、电等系统布置,永久建筑物施工区的布置。

(1)当对外交通采用标准轨铁路时,首先确定车站、码头的位置,然后布置场内交通干线,同时布置重点施工工厂和生产系统,再沿干线布置其他施工工厂、仓库等有关各项临建设施，最后布置风、水、电等系统和施工管理、生活福利设施。

(2)当对外交通采用公路时，则可与场内交通连接成一个系统，由此再沿线布置施工工厂、仓库等各项临建设施，最后布置行政管理和生活福利设施。

5　场内交通规划

场内交通规划的任务是正确选择场内主要运输和辅助运输方式，合理布置路线，合理规划和组织场内运输。

6　施工场地竖向布置

6.1　竖向布置的任务

(1)选择各施工场地竖向布置和设计地面的连接方式。

(2)选择各施工场地中各系统的建筑物、构筑物的地坪标高，以及铁路、公路和排水构筑物的标高，并需相互协调。此外，在决定各企业用地的平整标高时，需与厂外有关的运输线和管线的标高相协调，以保证各企业在生产运输上有最好的联系条件。

(3)拟定场地排水措施，保证地面水的排除。

(4)尽量利用自然地形，减少土石方平整工程量。

(5)确定建筑物必需的各种工程及排水构筑物。

(6)计算场地平整工程量。

6.2　竖向布置的一般技术要求

(1)道路纵横坡的要求参见表 8-1。

表 8-1　道路纵横坡度

铺砌层类型	纵坡(%)			横坡(%)	
	最小	最大	特殊	最小	最大
水泥混凝土及沥青混凝土路面	0.4	6	10	1.5	3
条石及红砖路面	0.4	6	10	2.0	3
用黑色结合材料处理的碎石矿渣碎石路面	0.4	6	10	2.0	3
碎石路面及砾石路面		6	8	2.5	3
改善的土路		4	6	4.0	5

(2)特种道路(行驶自动搬运车、电动车等)纵坡一般以 40‰以下为宜，最大不要超过 60‰。

(3)厂内货物专卸铁路线，应设计为平坡，在困难情况下，可设计为小于 2.5‰的纵坡，联络线的坡度不得大于 20‰。

(4)铁路和公路如为水平交叉，交叉处在铁路中心线两边各 10 m 的范围内，道路路面标高须与铁路路轨标高相同。

(5)场地坡度应考虑排水，并防止雨水冲刷。

7 调整、修正和完善施工总布置

各项施工临时设施的平面布置和竖向布置完成之后，对整个施工总布置进行协调、修正工作，检查施工临时设施和主体工程施工之间，各项临时建筑物之间，彼此有无干扰矛盾，是否协调一致，生产和施工工艺间的配合得如何？能否满足保安、防火和卫生方面的要求。对于不协调的布置进行调整，并注意对整个布置留有余地，最后编制总布置有关技术经济指标图表，完成施工总布置方案。

任务3 施工临时设施布置及风、水、电供应

目标：(1)熟悉临时设施类型；
(2)了解风、水、电供应内容。

执行过程：仓库的贮存量估算→临时房屋需要量估算→工地供风→工地供水→工地供电。

要点：(1)临时设施类型及其估算；
(2)风、水、电供应及其计算。

提交成果：土石坝施工中施工临时设施布置的估算。

1 临时设施

1.1 仓库

由于供应与使用之间的不协调，必须修建临时仓库进行一定的物料储备，以保证及时供应，仓库面积和大小应根据仓库的贮存量确定。仓库的贮存量应满足施工的要求。

仓库中某种物料的贮存量可按下式估算

$$P = Qnk / T \tag{8-1}$$

式中 P——某种物料的贮存量，t 或 m^3；
Q——计算时段内该种物料的需要量，t 或 m^3；
n——物料贮存天数指标，参考表 8-2 选用；
k——物料使用的不均衡系数，取 1.2 ~ 1.5；
T——计算时段内的天数。

根据物料的贮存量，可由下式确定所需的仓库的面积

$$F = P / (qa) \tag{8-2}$$

式中 F——仓库面积，包括通道及管理室，m^2；
P——某种物料的贮存量，t 或 m^2；
q——仓库单位有效面积的存放量，见表 8-3；
a——仓库有效面积利用系数，参考表 8-3 选定。

表 8-2　各种材料贮存天数参考表

材料名称	贮备时间(d)	说明	材料名称	贮备时间(d)	说明
钢筋、钢材	120～180		电石、油漆、化工	20～30	
设备配件	180～270	根据同种配件的多少还要乘0.5～1.0修正系数	煤	30～90	
			电线、电缆	40～50	
水泥	7～15		钢丝绳	40～50	
炸药、雷管	60～90		地产房建材料	10～20	
油料	30～40		砂、石骨料成品	10～20	
木材	30～90	在工地打捞，贮放的木材，可按下一年用量贮备	混凝土制品	10～15	
			劳保、生活用品	30～40	
五金、材料	20～30		土产杂品	30～40	
沥青、玻璃、油毡	20～30				

表 8-3　仓库面积估算指标

材料名称	单位	堆高(m)	每平方米有效面积存放量	存放方式	仓库型式	仓库有效面积利用系数
水泥	t	1.5～1.6	1.3～1.5	堆垛	仓库，料棚	0.45～0.60
圆钢	t	1.2	3.1～4.2	堆垛	料棚，露天	0.66
方钢	t	1.2	3.2～4.3	堆垛	料棚，露天	0.68
扁、角钢	t	1.2	2.1～2.9	堆垛	料棚，露天	0.45
工、槽钢	t	0.5	1.3～1.6	堆垛	料棚，露天	0.32～0.54
钢板	t	1.0	4.0	堆垛	仓库，料棚	0.57
钢管	t	1.2	0.8	堆垛	料棚，露天	0.11
铝线	t	2.2	0.4	堆垛	仓库	0.11
电缆	t	1.4	0.4			0..35～0.40
炸药、雷管	t	1.5	0.66	堆垛，料架	仓库	0.45～0.60
油毡	卷	1～1.5	15～22	堆垛	仓库	0.35～0.45
石油沥青	t	2.0	2.2	堆垛	料棚	0.50～0.60
小五金	t	2.2	1.5～2.0	堆垛	仓库	0.35～0.40
石灰	t	1.5	0.85	堆垛	仓库，料棚	0.55
原木	m^3	2.0～3.0	1.3～2.0	堆垛	露天	0.40～0.50
锯材	m^3	2.0～3.0	1.2～1.8	堆垛	露天	0.40～0.50
砂石料	m^3	5.6～6.0	3.0～4.0	堆垛	露天(机械化)	0.60～0.70
砂石料	m^3	1.5～2.0	1.5～2.0	堆垛	露天(非机械化)	0.60～0.70

1.2　临时房屋

在一般中型水利工程中常设的工地临时房屋包括：办公室、会议室等行政办公用房，职工及家属宿舍等居住用房，俱乐部、图书室等文化娱乐用房，以及医院、商店、浴室、食堂、理发室等生活利用房等。

工地各类临时房屋的需要量，取决于工程规模、工期长短及工程工地所在地区的条件。设计时可根据职工及家属的总人数，按国家规定的房屋面积定额，并参照工程所在地区的具体条件，计算出各类临时房屋的建筑面积。

2　风、水、电供应

2.1　工地供风

工地供风包括风动机械供风（凿岩机、风镐等）、风力输送（如风力输送水泥）和其他供风（如风砂枪除锈）。

供风系统由压缩空气站和供风管网两部分组成。压气站规模可根据用气高峰期内同时使用的风动机械数量和额定耗气量计算。计算公式为

$$Q = k_1 k_2 k_3 \sum nqk_4 k_5 \tag{8-3}$$

式中　Q——压气需用量，m^3/min；

k_1——因空气压缩机效率降低及未预计到的少量用气而采用的系数，取 1.05～1.10；

k_2——管网漏气系数，一般取 1.10～1.30，管网长或铺设质量差时取大值；

k_3——高原修正系数，参照表 8-4 选取；

n——同时工作的同类型风动机械台数；

k_4——各类风动机械同时工作系数，参照表 8-5 选取；

k_5——风动机械磨损修正系数；

q——台风动机械的定额耗气量，m^3/min。

表 8-4　压气高原修正系数

海拔（m）	0	305	610	914	1 219	1 524	1 829	2 134	2 433	2 743	3 049	3 653	4 572
k_3	1.00	1.03	1.07	1.10	1.14	1.17	1.20	1.23	1.26	1.29	1.32	1.37	1.43

表 8-5　凿岩机同时工作系数

同时工作凿岩机台数	1	2	3	4	5	6	7	8	9	10	12	15	20	30
k_4	1.00	0.90	0.90	0.85	0.82	0.80	0.78	0.75	0.73	0.71	0.68	0.61	0.59	0.50

工地供风应满足风压要求。通常选用空压机的工作压力为 588～785 kPa，风动和驱动压力为 98～196 kPa。为调节管网中的风压、排除压缩空气中的水分和油脂，每台空压机均需设置贮气罐。对于较长的管道，还应在中间适当的位置增设贮气罐，以调节风压。

压气站的位置应尽量靠近耗气负荷中心，接近供电和供水点，处于空气洁净、通风良

好、交通方便、远离需要安静和防振的场所。压气管网一般沿地表敷设，管道应具有0.005~0.01的顺坡，并且每隔200~300 m在管底部设一放水阀，以排除管中的凝结水。压气管网和压力降低值最大不应超过气压站供给压力的10%~15%。

2.2 工地供水

工地供水主要指生产、生活和消防用水。供水系统由取水工程、净水工程和输配水工程等三部分组成。供水设计的主要任务是确定需水地点，根据水质和水量要求，选择水源，设计供水系统。

2.2.1 生产用水

生产用水指土石方工程、混凝土工程等施工用水以及施工机械、动力设备和施工辅助企业用水等。生产用水的需水量可按下式计算：

$$Q_1 = 1.2[\sum kq / (8 \times 3\ 600)] \tag{8-4}$$

式中 Q_1——生产用水的需水量，L/s；

q——生产用水项目每班(8 h)平均用水量，L，查施工生产用水定额；

k——用水不均匀系数，见表8-6；

1.2——考虑水量损失和未计入的各种小额用水系数。

表8-6 用水不均匀系数 k

用水对象	k值
土建工程施工	1.5
建筑运输机械	2.0
施工辅助企业	1.25
施工现场生活用水	2.7
居住区的生活用水	2.0

2.2.2 生活用水(包括生活区用水和现场生活用水)

$$Q_2 = [k_2k_4n_3q_3/(24 \times 3\ 600)] + [k'_2k_4n'_3q'_2/(8 \times 3\ 600)] \tag{8-5}$$

式中 Q_2——生活用水量，L/s；

n_3——施工高峰工地居民最多人数；

q_3——每人每天生活用水量定额(综合定额参考表8-7)；

k_2——一天生活用水不均衡系数，见表8-8；

k_4——未计入的用水的系数，可取1.1；

n'_3——在同一班次内现场和施工生产企业内工作的最多人数；

q'_3——每人每班在现场生活用水量定额，见表8-8；

k'_2——现场生活不均衡系数，见表8-8。

表8-7 生活用水量定额

用水项目	单位	用水量定额	用水项目	单位	用水量定额
全部综合生活用水	L/(人·天)	100~120	托儿所、幼儿园	L/(人·天)	75~90
饮用及盥洗	L/(人·天)	25~30	医院	L/(人·天)	100~150
食堂	L/(人·天)	15~20	道路绿化洒水	L/(人·天)	20~30
浴室	L/(人·天)	50~60	现场生活	L/(人·班)	10~20
洗衣	L/(人·天)	30~35	现场淋浴	L/(人·班)	25~30
理发室	L/(人·次)	15	现场道路洒水	L/(人·班)	10~15
小学校	L/(人·天)	12~15			

表8-8 给水不均衡系数

项目	类别	不均匀系数	项目	类别	不均衡系数
施工、生产用水	工程施工用水	1.50	生活用水 k_2、k'_3	居住区生活用水	2.00~2.50
	辅助企业生产用水	1.25			
	施工机械用水	2.00		现场生活用水	1.30~1.50
	动力设备用水	1.05~1.10			

2.2.3 消防用水(Q_3)

消防用水按工地范围及居住人数计算(见表8-9)。

表8-9 消防用水量定额

用水项目	按火灾同时发生次数计(次)	耗水量(L/s)	用水项目	按火灾同时发生次数计(次)	耗水量(L/s)
1. 居住区消防用水			2. 施工现场消防用水		
5 000人以内	1	10	现场面积在25 hm^2 以内	2	10~15
10 000人以内	2	10~15	每增加25 hm^2 递增		5
25 000人以内	2	15~20			

施工供水量应满足不同时期日高峰生产用水和生活用水的需要,并按消防用水量进行校核,即 $Q=Q_1+Q_2$,但不得小于 Q_3。

供水系统可分为集中供水和分区供水两种方式,一般包括水泵站、净水建筑物、蓄水池或水塔、输水管网等。生活用水和生产用水共用水源时,管网应分别设置。

2.3 工地供电

工地供电主要指施工动力用电和照明用电。其设计工作包括确定用电量、选定电源和设计供电系统。

工地的用电量,应根据施工阶段分别确定。供电系统应保证生产、生活页高峰负荷需要。电源选择一般优先考虑电网供电，施工单位自发电作备用电源和用电高峰时使用。估算水利工地所需临时发电站或变电站的设备容量时，可用下式求得：

$$P = 1.1(k_m \sum k_c P_y / \cos\psi_0 + \sum k_c P_z) \tag{8-6}$$

式中　P——工地所需的电站设备容量，kVA；

1.1——考虑输电线路中功率损失的系数；

k_m——动力用电的同时负荷系数，可采用0.75～0.85；

$\cos\psi_0$——功率因素的平均计算值，可采用0.5～0.6；

k_c——容量利用系数（即需电系数），见表8-10；

P_y——动力用电的铭牌功率，kW；

P_z——照明用电量，kW。

表8-10　需电系数 k_c

负荷特征	k_c	负荷特征	k_c
电动挖掘机1～3台	0.5	水泵、鼓风机、空压机	0.6
电动挖掘机3台以上	0.4	电焊变压器	0.3
塔式和门式起重机1～3台	0.3	单个电焊机	0.35
塔式和门式起重机2台以上	0.2	混凝土工厂电力设备	0.6
连续式运输机械	0.5	木工厂电力设备	0.5
移动式机械	0.1		

工地供电系统由电网供电时，应在工地附近设总变电所，将高压电变为中压电（3 300 V或6 600 V），输送到用电地点附近时，再通过变电站变为低压电（380 V/220 V），由变电站送至用户。生产用电与生活用电的配电所尽可能分开，若混合供电，应在380 V/220 V侧的出线回路上分开。

参考文献

[1] 索丽生,刘宁. 水工设计手册[M]. 2版. 北京:中国水利水电出版社,2011.
[2] 田明武. 水利水电工程建筑物[M]. 北京:中国水利水电出版社,2012.
[3] 李桢,李华鹏. 水利水电工程施工[M]. 郑州:黄河水利出版社,2014.
[4] 潘孝兵. 土坝设计与施工[M]. 北京:中国水利水电出版社,2010.
[5] 李梅华,王飞寒. 土石坝设计与施工[M]. 北京:中国水利水电出版社,2011.
[6] 中华人民共和国水利部. SL 274—2001 碾压式土石坝设计规范[S]. 北京:中国水利水电出版社,2002.
[7] 中华人民共和国水利部. SL 253—2000 溢洪道设计规范[S]. 北京:中国水利水电出版社,2000.
[8] 郭雪莽. 课程设计和毕业设计指南[M]. 北京:中央广播电视大学出版社,2007.
[9] 水利电力部水利水电建设总院. 水利水电工程施工组织设计手册[M]. 北京:中国水利水电出版社,2001.

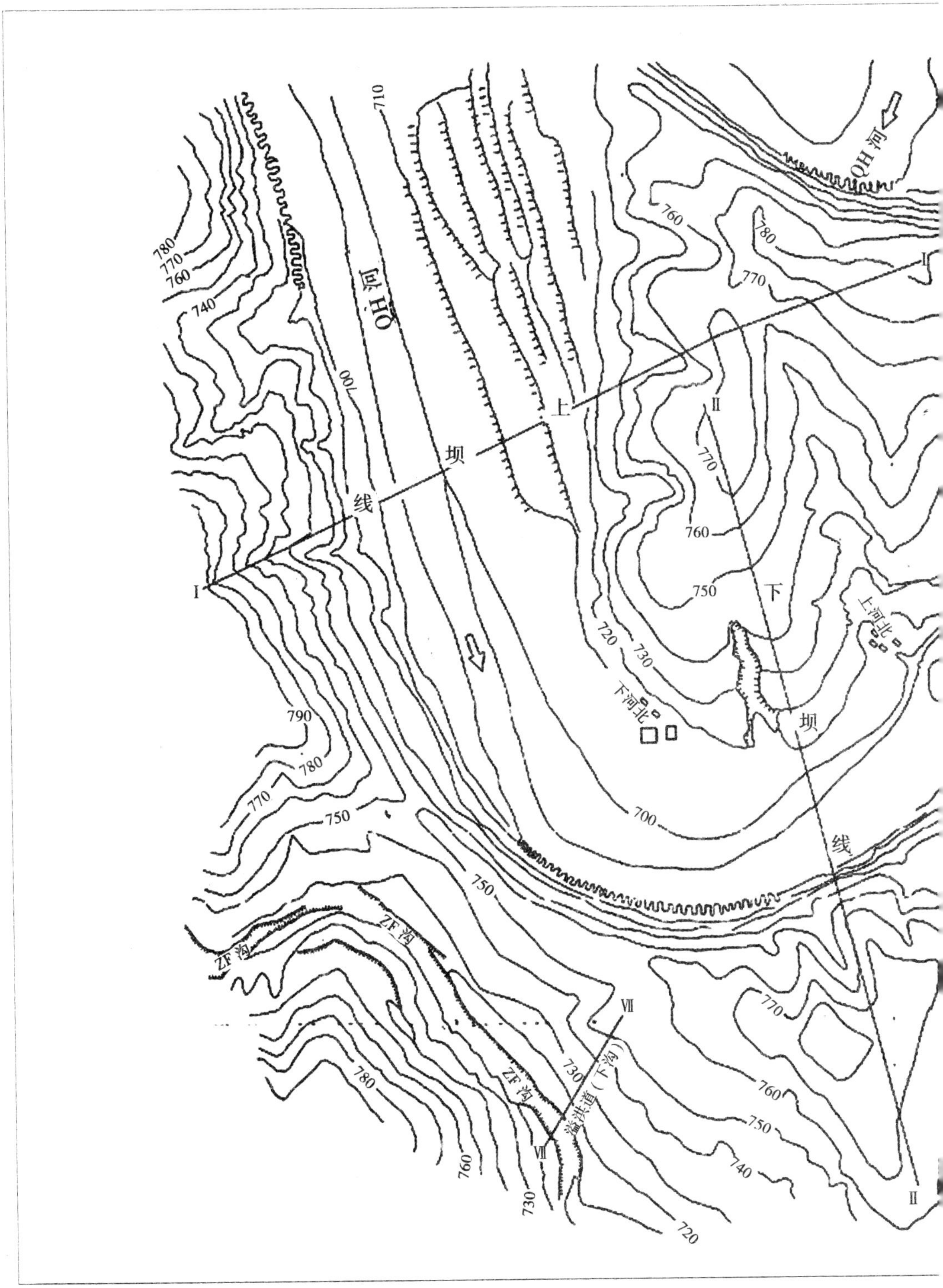
QH河
上
坝
线
下
坝
线
上河北
下河北
ZF沟
ZF沟
ZF沟
溢洪道（下沟）
Ⅰ
Ⅰ
Ⅱ
Ⅱ
Ⅶ
Ⅶ
790
780
770
760
750
740
730
720
710
700

附图1　Z水

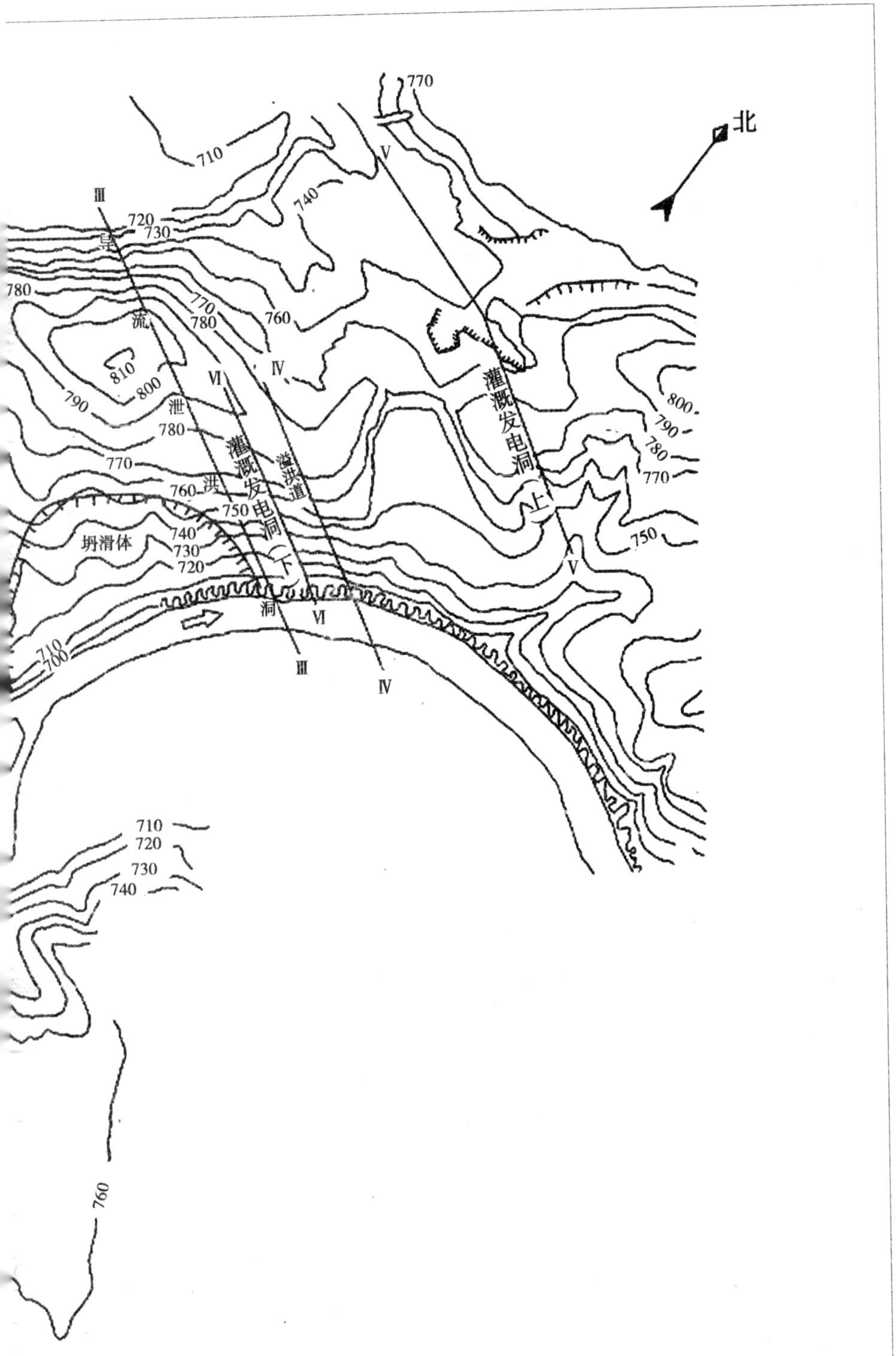
北
灌溉发电洞（上）
灌溉发电洞（下）
溢洪道
坍滑体
710
720
730
740
750
760
770
780
790
800
810
Ⅲ
Ⅳ
Ⅴ
Ⅵ

坝址区地形图